Study on Mechanism of Inhibiting Membrane Fouling by
Microbial Fuel Cell-Membrane Bioreactor Coupling System

# 微生物燃料电池-膜生物反应器
# 耦合系统抑制膜污染的机理研究

侯 彬 著

人民交通出版社

北 京

## 内 容 提 要

本书首先介绍了微生物燃料电池-膜生物反应器(MFC-MBR)耦合系统的研究现状,并从阴阳极材料以及微生物驯化等方面对 MFC-MBR 耦合系统产电性能进行了分析和优化。其次探究了 MFC 提供的微电场以及微电场和曝气相互作用对 MBR 膜污染的影响。最后通过分析电极和 MBR 膜表面的苯酚降解产物和微生物种类,并结合过滤模型模拟对微电场抑制 MBR 膜污染机理进行了讨论。

本书可供环境科学与技术领域的本科生、研究生及教师参考,也可供从事微生物燃料电池和膜污染研究的相关研究人员阅读。

**图书在版编目(CIP)数据**

微生物燃料电池-膜生物反应器耦合系统抑制膜污染的机理研究 / 侯彬著. — 北京 : 人民交通出版社股份有限公司, 2023.12

ISBN 978-7-114-19278-4

Ⅰ.①微… Ⅱ.①侯… Ⅲ.①微生物燃料电池—生物膜反应器—膜材料—污染控制—研究 Ⅳ.①TM911.45

中国国家版本馆 CIP 数据核字(2023)第 256780 号

Weishengwu Ranliao Dianchi-Moshengwu Fanyingqi Ouhe Xitong Yizhi Mowuran de Jili Yanjiu

书　　名:微生物燃料电池-膜生物反应器耦合系统抑制膜污染的机理研究
著 作 者:侯　彬
责任编辑:卢俊丽
责任校对:赵媛媛　魏佳宁
责任印制:刘高彤
出版发行:人民交通出版社
地　　址:(100011)北京市朝阳区安定门外外馆斜街 3 号
网　　址:http://www.ccpcl.com.cn
销售电话:(010)59757973
总 经 销:人民交通出版社发行部
经　　销:各地新华书店
印　　刷:北京建宏印刷有限公司
开　　本:787×1092　1/16
印　　张:6.25
字　　数:152 千
版　　次:2023 年 12 月　第 1 版
印　　次:2023 年 12 月　第 1 次印刷
书　　号:ISBN 978-7-114-19278-4
定　　价:38.00 元

# 前言

  微生物燃料电池(Microbial Fuel Cell，MFC)是一种利用微生物将有机物质转化为电能的全新生物电化学装置,将其应用到废水处理领域,可以以废水为燃料在降解有机污染物的同时直接产生电能,使废水得以净化,从而可重复利用。然而,就目前的研究来看,MFC技术距离大范围的实际应用还存在一定的差距。一是MFC的产电性能较低,并且没有良好储能方式,致使其产生的电能得不到有效利用。二是MFC技术阳极的厌氧环境仅能够使废水中难降解的物质分解成易降解的物质,大分子化合物分解为小分子化合物,分解后的产物无法进一步矿化。膜生物反应器(Membrane Bio-Reactor，MBR)工艺是一种将高效膜分离技术与活性污泥生物处理单元相结合的水处理技术。因其与传统的废水处理工艺相比具有占地面积小、出水质量高、污泥产量小等优点,现在越来越多地被用在废水处理中。然而,在MBR工艺中,膜组件制造成本高,并且在运行过程中膜污染会极大地缩短其使用寿命。

  因此,将MFC与MBR技术耦合,可以充分发挥两者的优点,MFC借助MBR提高污水处理效率,MBR借助MFC提供电场减缓膜污染,降低运行成本。然而,MFC-MBR耦合工艺还处在小试阶段,并且对膜污染机理层面的探讨需要进一步深入。目前大部分研究仅论证了在电场作用下,由于污染物和微生物远离膜表面,从而减缓了MBR膜污染。然而是什么污染物和微生物能够进行迁移,又是如何进行迁移的;为什么电场只能够减缓膜污染,不能彻底解决MBR膜污染,是否在膜表面存在不受电场影响的物质;等等。这些机理问题尚不是很明确。为此,笔者结合自己10余年的学习心得和工作过程中积累的研究成果,撰写了这一著作。

  本书共分6章,以MFC提供的微电场抑制MBR膜污染为主线。第1章主要介绍MFC-MBR耦合系统目前的研究现状和取得的研究成果;第2章主要介绍MFC-MBR耦合系统的产电性能优化方面取得的研究成果;第3章主要介绍微电场对MFC-MBR耦合系统膜污染的影响;第4章主要介绍曝气和微电场共同作用对

— 1 —

MFC-MBR 耦合系统膜污染的影响;第 5 章主要介绍 MFC-MBR 耦合系统中苯酚降解和微生物特性与膜污染间的关系;第 6 章主要介绍微电场对 MFC-MBR 耦合系统膜污染抑制机理的模拟研究。

本书在撰写过程中得到课题组成员的大力支持和帮助,书中也借鉴了近年来国内外相关领域学者们的研究成果,在此一并表示诚挚的谢意。另外,感谢中北大学环境与安全工程学院各位领导的大力支持;感谢广州市市政工程设计研究总院有限公司张锐坚研究员的帮助;特别感谢求学期间胡勇有教授、孙健博士、张亚平博士、李斯哲硕士等的大力支持;感谢人民交通出版社股份有限公司卢俊丽编辑的精心编辑,使得本书能够提前与读者见面。

最后,真诚感谢国家自然科学基金委员会、山西省科学技术厅、山西省教育厅以及中北大学科学技术研究院等部门的经费资助,研究中所取得的成果均已反映在书中。

笔者对本书的撰写尽了最大的努力,但限于水平和学识,书中仍难免存在疏漏之处,敬请各位读者批评指正。

著　者

2023 年 7 月

# 目录

# 第1章
# 绪论

## 1.1 微生物燃料电池（MFC）

### 1.1.1 研究背景及历史

自然资源的可持续性一直令人担忧,储量不断减少的化石燃料的消耗量占世界主要能源消耗量的80%以上,为此我国将发展方向由化石燃料转向新能源、新材料方面。有关部门强调需要大力发展可再生能源。微生物能源可以显著地提升环境保护和非再生能源利用的综合效益,并且在新能源开发领域中有良好应用前景,有利于能源的可持续发展。

人类对地球资源的过度开发导致水污染问题已经蔓延全球,废水处理成为当前环境治理中的艰巨任务[1]。但是传统的废水处理工艺成本高,能源利用率低,废弃物不能较好地回收利用,加之目前严格的废水排放标准,给废水处理工艺带来了前所未有的挑战。在此背景之下,一种高效、节能、有前景的废水处理技术——微生物电化学系统应运而生,它可以对废弃资源进行合理利用,将化学能转化为电能,满足当前的环保需求。

微生物燃料电池(Microbial Fuel Cell,MFC)是近年来发展起来的一种废水处理技术,可用于酚类废水的生物修复。其利用微生物作为生物催化剂,将化学能转化为其他形式,如电、氢和甲烷,在实现污染物高效降解的同时还可以回收能源[2]。MFC 主要包括以下几个部分:阳极室、阳极电极、质子交换膜、阴极室、阴极电极、活性污泥和外电路。阳极室通常为厌氧环境,发生氧化反应,厌氧微生物在分解有机污染物的过程中产生电子、质子和 $CO_2$,产生的电子吸附到阳极电极上并通过外电路传递至阴极电极形成闭合回路;阴极室通常好氧环境,阳极室产生的质子通过质子交换膜转移到阴极室后与通入的 $O_2$ 和通过外电路转移过来的电子发生还原反应生成 $H_2O$。MFC 具体的原理如图 1-1 所示。

对 MFC 概念的印证可以追溯到一百多年前,英国植物学家 Potter 首次提出微生物可以在分解有机化合物的同时产生电流,他将细菌和酵母菌注入了实验装置,发现该系统可以产生电动势。1931 年,Cohen 提出了一种堆叠式细菌燃料电池,该系统的电化学性能良好,产生了0.2mA的电流和超 35V 的电压,在实验过程中他给实验装置注入了 $K_3[Fe(CN)_6]$ 和 $C_6H_4O_2$,

发现这两种物质均可提高 MFC 的产电性能。这些报道被认为是 MFC 诞生的时刻,但 Davis 在 1963 年对这一研究成果提出质疑,他认为 Cohen 只是对细菌电池进行了粗浅的研究,然后便把注意力转向了其他领域。在接下来的几十年里,只有少数研究试图将这一发现扩展到实际应用中。20 世纪 60 年代,在美国航天局太空计划中,微生物发电的想法再次被提起,科学家们试图用微生物去降解太空中的垃圾,并且在此过程中获取了一部分电能。然而,其他能源技术的快速发展以及石油的低价再次削弱了人们对微生物产电的兴趣,MFC 的发展再次进入了低迷期,直到 20 世纪末 21 世纪初才又缓慢而稳定地发展起来。20 世纪 80 年代初期,Bennetto 将这项技术带入了人们的视野;1996 年,Wilkinson 将 MFC 应用于自我进食机器人;2001 年,Kim[3] 首次提出使用废水作为燃料为 MFC 提供动力使之产生电流并同时将废水中的有机物去除。从那时起,这种将废水处理和能量回收直接结合起来的技术成为 MFC 发展的主要推动力。

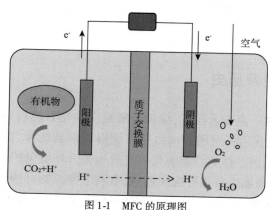

图 1-1    MFC 的原理图

## 1.1.2    国内外研究现状

Logan 对反应器内的底物进行了探索,发现 MFC 中乙酸盐作为底物比丁酸盐作为底物可产生更高的功率密度,更有利于系统产电。随后,Selembo 等发现以葡萄糖为供微生物生长的碳源时,在发酵过程中会产生许多小分子羧酸,如乙酸和丙酸等,这些副产物会被产电微生物利用,从而促进 MFC 系统的运行,并增加阳极菌群的物种丰度。Anjum 等研究了 MFC 各种阴极的用途,包括空气阴极、水空气阴极和生物阴极,以及它们的电化学性能。研究表明,与其他类型的阴极相比,空气阴极提供了更好的性能;此外,金属络合物(如 Fe-N$_4$)与其他材料(如活性炭)嵌入时可显著提升空气阴极的性能。

我国对 MFC 的研究主要集中在反应器构型优化、优势产电菌研究以及有机废水的降解。曹效鑫等构建了一种全新的"三合一"膜 MFC,以此降低了反应器的内阻。孙寓娇等研究了不同废水基质条件下 MFC 中细菌群落的变化,研究表明混菌 MFC 比纯菌 MFC 的产电效果和系统运行效果更好,不同微生物间的协同作用更有利于提升 MFC 的产电性能。Deng 等研究了升流式 MFC,提出液体流动性可以减小传质阻力,有利于系统运行,并发现不含金属的活性炭纤维毡(Activated Carbon Fiber Felt,ACFF)阴极可以提高系统的产电性能。Shan 等使用好氧/

缺氧-生物阴极微生物燃料电池耦合系统去除污染物,结果表明总氮(TN)去除率高达97.3%。Zuo等在不使用贵金属的情况下,制备了一种具有微滤、电子传导和氧化还原多种功能的均质碳膜,该膜作为MFC的空气阴极,实现了581.5mW/m²的功率密度和1671.4mA/m²的电流密度。Xie等将MFC与AA/O反应器耦合,发现该系统提高了TN和总磷(TP)的去除效率。微生物测试结果表明,阴极表面和阴极室悬浮液中的微生物群落结构都发生了变化,阴极室悬浮液中反硝化细菌*Thauera*和*Emticicia*的百分比显著增加;并且*Rheinheimera*在阴极表面大量富集,有助于提高氮去除率和系统发电。Zhang等评估空气过滤膜(Filtration Membrane Air, FMA)生物膜对MFC中营养物质的去除效果,发现该生物膜对有机污染物(COD)去除率的贡献为29.9%,而对TN去除率的贡献为82.9%,FMA生物膜中的大部分原始菌属是去除TN的相关细菌。Zhao等将硝化颗粒污泥(Nitrifying Granular Sludge, NGS)耦合到MFC中,运行60d后,对有机物和氨氮的去除率分别为95.43%和98.55%,阳极室和阴极室中的主要功能种群分别是*Geobacter*和*Nitrospiraceae*。Wang等使用MFC处理高有机污染物含量的养殖废水,发电量良好,功率密度可达438.22mW/m²,COD和氨氮的去除率分别为70.05%和77.43%,微生物群落分析显示,与发电和污染物降解相关的微生物显著增加,包括*Proteiniphilum*、*Prolixibacteraceae*和*Novosphingobium*。

目前,MFC已经广泛应用于苯酚废水的生物修复,苯酚及其衍生物在MFC中均可有效降解。Luo等采用双室微生物燃料电池处理苯酚(1000mg/L)和葡萄糖(500mg/L)混合废水,其功率密度可达28300mW/m³,水力停留时间(Hydraulic Retention Time, HRT)为60h时,COD去除率超过95%。Zhang等以石墨电极作为MFC的阳极和阴极研究了苯酚的降解,发现*Geobacter*参与了MFC中的苯酚降解和产电,电流密度为120mA/m²,库仑效率为22.7%。Shen等研究了共底物MFC处理苯酚废水过程中的污染物去除和产电效果,发现电化学活性细菌和酚类降解细菌之间的相互作用有助于苯酚的有效去除和系统的产电。综上所述,MFC可以充分发挥自然界中微生物的潜能,对有机物进行降解并产生电能,在废水处理等领域有一定的发展前景。

尽管MFC具有潜在的优势,在实验室规模上取得了鼓舞人心的成果,但低功率密度和出水水质浑浊限制了其商业应用。因此,为了促进MFC的可持续利用,MFC与其他废水处理工艺的耦合系统,尤其是与MBR的耦合系统逐渐发展起来。

# 1.2 膜生物反应器(MBR)

## 1.2.1 膜生物反应器研究进展

膜生物反应器(Membrane Bio-Reactor, MBR)是一种新型的高效废水处理技术,通常由膜分离单元和生物处理单元两部分组成,主要利用膜组件的分离作用截留废水中的污泥絮体及大分子有机物,从而保证出水水质良好。MBR由五部分构成:进水系统、出水系统、曝气系统、微生物群落以及膜组件。MBR 主要有污泥浓度高、污泥产量低、工艺简单、污染物去除效果良好等优点[4]。

1969 年，在 Dorr-Oliver 研究计划中，Smith 首次提出用 MBR 技术处理工业废水，将超滤膜组件安装在生物反应器池外，膜组件代替沉淀池作为一个独立的单元，将出水和活性污泥分离开来，并且过滤后的污泥回流至曝气池中继续处理废水，出水效果良好。随后，美国伦斯勒理工学院将好氧生物反应器与超滤膜技术相结合进行研究，研究结果表明，COD 得到了高效降解，并且出水中细菌含量明显减少，但由于当时的高能源成本和膜污染，MBR 的普及受到了限制。1989 年，Yamamoto 等创造了内置式 MBR，将膜组件放置在 MBR 的曝气池中，以减小占地面积。20 世纪 90 年代中期，许多研究者试图通过提高膜组件的渗透率来降低运行成本，从而拓展 MBR 技术的应用，主要的研究可以概括为膜组件的形状、膜的孔径分布、操作条件和膜组件的清洁方式等。直至 20 世纪末 21 世纪初，MBR 在污水处理厂中的实际应用才逐渐发展起来。1998 年，世界上第一座 MBR 污水处理厂在英国建立。近年来，国外大部分研究都集中在 MBR 膜污染和膜组件的选择等方面。Sano 等使用由四种材料[聚偏二氟乙烯（Polyvinylidene Fluoride，PVDF）、聚醚砜、氯化聚氯乙烯和聚四氟乙烯]制备的平板膜研究了 MBR/Lab 中膜污染与膜材料之间的关系，并将 MBR/Lab 中悬浮液的特性与来自实际废水处理厂的样品进行了比较，研究发现，除了膜材料自身的特性外，膜的结构脆弱性对膜污染有决定性的影响。

我国对 MBR 的研究起步较晚，20 世纪后期才开始，当时水资源短缺和水污染问题日益突出，MBR 作为一种新型的污水处理技术得到青睐。在接下来的 20 多年，许多高校、研究所和企业等对 MBR 技术进行了深入的探索，并取得了有效成果。2000—2003 年，MBR 主要应用于小规模的废水处理；2003—2004 年，MBR 开始应用于中等规模城市污水和工业废水处理；2004 年后，MBR 进入了大规模应用阶段，并取得了令人瞩目的成绩。2008 年，MBR 被引入了北京"绿色奥运"工程，经过 MBR 处理后的出水水质良好，直接满足回用要求，有效保障了奥运公园的用水标准，这使 MBR 在我国污水处理工艺中的地位得到了显著提升。目前，中国已经成为世界上主要的 MBR 应用大国，近些年的研究主要包括膜组件的制备和膜污染机理等方面。Zhen 等引入离子液体 1-丁基-3-甲基咪唑六氟磷酸盐作为新型环保稀释剂，通过热致相分离（Thermally Induced Phase Separation，TIPS）制备 PVDF 膜，研究了聚合物浓度和淬火温度对 PVDF 膜的形貌和性能的影响。当聚合物浓度为 15wt% 时，该膜具有较高的机械强度，且纯水通量高达近 2000L/（m²·h）。该研究为制备具有压电特性的 PVDF 膜提供了新方法，膜的平均孔径和透水率随着 PVDF 浓度和淬火温度的升高而减小。Jiang 等使用 PAC-MBR（Powdered Activated Carbon-Membrane Bioreactor，粉末活性炭-膜生物反应器）在没有化学清洗的情况下连续运行了 4 个月，发现具有较大比例的蛋白质和多糖的胶体物质是物理可恢复污垢阻力的主要原因，而多糖和腐殖质是物理不可恢复污垢阻力的主要原因；并通过比较有 PAC 的 MBR 和无 PAC 的 MBR，发现 PAC 增加了结垢率。

MBR 技术在处理苯酚废水的领域也有一定进展。郝爱玲等采用一体式浸没型 MBR 对微污染水中苯酚（2～150μg/L）进行去除，结果表明，原水中苯酚的去除率将近 90%，这主要是因为 MBR 中微生物对苯酚有厌好的降解作用。安燕等在 MBR 中加入磁粉协同降解苯酚，发现磁粉的存在可以使苯酚的降解时间缩短。Jiang 等研究了电场作用下 MBR 处理苯酚废水的膜污染情况及微生物群落的变化,发现电压的增加加快了苯酚的降解速率并减慢了 MBR 中跨膜压力差(Trans-Membrane Pressure,TMP)的增加速率,有利于膜污染的缓解。以上研究结果表明,苯酚废水在 MBR 反应器中可以达到良好的降解效果,这为 MBR 在苯酚废水中的实际应用提供了理论指导。

目前,我国 MBR 工艺在取得成绩的同时也面临着诸多挑战,包括膜组件的选择、曝气条件的优化、膜污染的控制以及能耗问题等。其中,膜污染是 MBR 工艺当前面临的最大问题,膜污染会使膜组件膜通量大幅度降低、TMP 迅速升高、膜组件的孔径堵塞,需要采取一些物理或化学方法对膜组件进行清洗与更换,这无疑增加了 MBR 工艺的运行成本,因此需要控制膜污染。

## 1.2.2　控制膜污染的方法

通常控制 MBR 膜污染的方法主要包括物理控制技术和化学清洗技术。

MBR 膜污染的物理控制是指通过外力作用使溶液中的污染物远离膜组件,减少一些有机物和微生物的表面吸附和膜孔堆积。常用的物理控制技术主要包括:(1)混合液湍流强化,Liu 等发明了螺旋形膜组件,无须曝气,膜组件可通过自身的旋转使污染物远离,从而减缓膜污染物的吸附和累积;但膜组件的旋转需要借助一定的外力,会增加运行成本。(2)外加电场技术,主要是通过施加外电场使一些带负电的物质做远离膜表面的运动,从而起到控制膜污染的作用;但强度过高的电场不仅会增加能耗还会影响微生物的生存,因此需要将电场强度控制在一定范围。(3)超声波清洗技术,利用超声波产生的强烈机械振动,使膜组件上的污染物快速分散剥离从而达到清洗目的;但超声波技术也会导致污泥粒径变小或者细胞破碎,对膜组件的过滤性能存在潜在危害。

MBR 膜污染的化学清洗机理主要是通过添加一些化学药剂来使一些污染物的粒径变大或者吸附在其他材料上,提高污染物的沉降性能,从而防止膜孔堵塞。化学控制方法主要包括:(1)加絮凝剂,絮凝剂可以使混合液中污泥絮体和小分子颗粒之间发生絮凝作用,调理污泥性质,增大粒径,提高沉降性。(2)加吸附剂,吸附剂主要是利用其表面的多孔结构,吸附反应室中的悬浮物和胶体物质,从而减轻污染物对膜组件的吸附,通常用的吸附剂为活性炭。(3)臭氧($O_3$)氧化,主要是利用 $O_3$ 的氧化性质,使其与污泥中的一些物质发生反应,从而使污泥性质发生变化。Hwang 等发现适当的 $O_3$ 能改善污泥性质,使膜表面形成的泥饼层孔隙率增大。但总体来说化学清洗技术存在能耗高、二次污染等缺点。

电场控制膜污染的原理主要是利用静电斥力,使一些带负电的胶体物质和污泥颗粒向远离膜组件的方向发生定向迁移,或与溶液中带正电的粒子发生电中和作用,从而使膜污染物质脱离膜表面,提高膜组件的过滤性能。该方法不投加化学药品,对环境无二次污染,易于操作,近些年逐渐进入广大研究学者的视野。

## 1.3 MFC-MBR 耦合系统

### 1.3.1 MFC-MBR 耦合系统的原理

单独使用 MFC 处理废水时,有易操作、环境友好和可以产生电能等优点,但也存在有机物去除率低、出水浊度高等缺点,处理后的水无法达到直接排放的标准,因此需要与其他工艺结合,从而保证出水的质量。MBR 具有结构简单、出水浊度低和有机物去除效果好等优点,但同时又存在膜污染的问题。由于 MFC 和 MBR 都属于生物处理单元,MFC 的阴极室与 MBR 反应室结构相似,均需要曝气以保持好氧环境,所以将 MFC 与 MBR 耦合在一起可以扬长避短。MBR 处理单元同时作为双室 MFC 的阴极室,既维持了厌氧和好氧技术相结合降解污染物的高效性,又保证了出水水质良好,并且在 MFC-MBR 耦合系统中,MFC 产生的电能还可以有效缓解 MBR 的膜污染。

### 1.3.2 国内外研究现状

国内外对 MFC-MBR 耦合系统的研究均起步较晚,MFC-MBR 耦合的概念是由美国的 Bruce E. Logan 教授首次提出的,但他只是简单地讲述了耦合的初步思想,并列出了两种耦合方式,主要包括 MFC-MBR 平行耦合(将 MBR 作为 MFC 的后处理单元)和 MFC-MBR 共用耦合(将 MBR 的膜组件置于 MFC 的阴极室内)。随后,有关 MFC-MBR 耦合系统的研究逐渐增多,主要包括反应器构型研究、MBR 膜组件材料研究和控制膜污染机理研究等方面。

#### 1.3.2.1 MFC-MBR 耦合系统反应器构型研究

MFC-MBR 耦合系统反应器构型的研究主要包括精简结构、提高处理效率和提升产电能力等几个方面。Zhou 等研发了一种溢流式 MFC-MBR 耦合系统,该耦合系统呈圆柱形结构,内侧为阴极室,外侧为阳极室,并将 MBR 膜组件放置于 MFC 的阴极室共同作为系统的好氧生物处理单元和过滤单元。阳极室和阴极室由溢流通道分隔,这使得带有质子和底物的废水从阳极室直接溢出到阴极室,并限制了 $O_2$ 从阴极室转移到阳极室,省去了质子交换膜(Proton Exchange Membrane,PEM),使结构得以简化,降低运行成本。该系统对 COD 和氨氮的去除率均可以超过 90%,且功率密度最高可达 $629 mW/m^2$。Wang 等在 MFC-MBR 共用耦合的思想基础上,研发出了一种浸没式耦合系统,将整个 MFC 反应器镶嵌在 MBR 中,其中 MBR 的膜组件材料为造价便宜的不锈钢网,并且还将该组件作为 MFC 的阴极电极供反应器产电。待处理的废水先在 MFC 中发生生物降解,再通过不锈钢网出水,出水水质良好。Lilian 等也开发了一种阴极和膜组件共用的 MFC-MBR 耦合系统,主要是利用了导电超滤膜的导电和过滤性能,且无须曝气,最大功率密度可达 $380 mW/m^2$($6800 mW/m^3$),COD 和氨氮的去除率均可达 97%,总细菌(基于流式细胞术)的去除率可达91%,浊度小于0.1NTU,可以实现高效的废水处理。Wang 等研发了一种低成本的混合 MFC-MBR 耦合系统,该系统由厌氧-好氧 MBR 和空气阴极 MFC 构成,膜组件置于好氧室内,MFC 置于 MBR 外并省去质子交换膜,MBR 中的附加电场由连续流动的 MFC 提供。研究结果表明,该耦合系统的电压输出保持在(0.52 ± 0.02)V,膜组件上的污垢含量显著减少。以上研究基本都是将昂贵的材料改为低成本的材料,使反应器中一个构件有多种用途,或者省去某些部件来实现耦合系统的精简和效能的提高,为其日后的实际应用打下了基础。

### 1.3.2.2 MFC-MBR 耦合系统膜组件材料研究

MFC-MBR 耦合系统膜组件材料的研究主要包括:增强膜组件的防污性能、加快膜组件表面的反应速率和提高用作电极的膜组件的导电性。Huang 等制备了导电平板微滤膜(RGO-Flat Membrane, G-FM)作为 MFC-MBR 的阴极电极和膜过滤组件,该膜组件的主要成分为 PVDF、N-甲基-2-吡咯烷酮、聚乙烯吡咯烷酮和还原氧化石墨烯(rGO),这些材料的结合使膜组件表面的亲水性增强,并且静电排斥力也得到了提高,一些污染物不易靠近 G-FM,从而达到了减缓膜污染的目的。该系统可产生(349 ± 19)$mW/m^2$ 的功率密度,且出水中污染物的去除效果良好。Li 等采用具有高导电性、低成本、良好过滤和防污能力的聚苯胺-乙酸(Polyaniline-Phytic Acid, PANi-PA)改性涤纶滤布同时将其作为 MFC-MBR 耦合系统的阴极、阳极和过滤膜组件,在非连续模式下最大 COD 去除率为95%,连续模式下的最大功率密度为44.80$mW/m^2$,虽然发电量仍然有限,但低成本的膜电极可以替代碳布阴极,提高发电量,是一个很大的进步。Gao 等开发了一种新型碳基 RGO/PVDF/$MnO_2$导电膜,导电膜兼作 MFC 的阴极和 MBR 的过滤膜组件。通过扫描电镜(SEM)、能量色散 X 射线谱(EDX)和 X 射线光电子能谱(XPS)测试,发现该膜具有高孔隙率和光滑的表面形貌,并且在运行过程中始终保持良好的氧化还原反应活性和电化学活性,以及优异的抗污染和通量恢复性能。以上研究通过对 MBR 膜组件的改性,提高了 MFC-MBR 耦合系统的综合运行效果,增强了 MFC-MBR 耦合系统的产电性能,减缓了 MBR 的膜污染,为 MFC-MBR 耦合系统的研究方向提供了新的思路。

### 1.3.2.3 MFC-MBR 耦合系统控制膜污染机理研究

MFC-MBR 耦合系统控制膜污染机理研究主要包括污泥性质、TMP、微生物代谢产物和生物聚合物等。Liu 等[5]研发了一种由铁阳极和聚吡咯改性的导电膜阴极组成的 MFC-MBR 耦合系统,并利用阴阳极之间形成的电场来缓解膜污染,电场对污垢的排斥作用大大减少了膜表面的泥饼层污染,同时阳极 $Fe^{3+}$ 与负电污染物间的絮凝作用也降低了污泥的比阻。与对照组频繁的物理清洗相比,该系统运行25d 只进行了2次物理清洗。随后,Liu 等[6]将 MFC 与平板膜生物反应器耦合在一起,研究其膜污染缓解效果,发现在开路情况下,TMP 达到30kPa 需要13～15d,而在闭路情况则延长至21～27d,膜污染得到了有效缓解。Li 等[7]研究了 MFC-MBR 耦合系统和常规 MBR 污泥混合液中的溶解性微生物代谢产物(Soluble Microbial Products, SMP)和胞外聚合物(Extracellular Polymeric Substances, EPS),发现电场作用下反应器内的 SMP 和紧密型胞外聚合物(TB-EPS)均有所增加,但造成膜污染的主要污染物——松散型胞外聚合物(LB-EPS)浓度降低了47.9%。随后,Li 等[8]将 MFC 阴极室同时用作 MBR 的反应室,将膜组件置于两电极之间,利用电势差来缓解膜污染,结果表明该系统 LB-EPS 减少了25.4%,

污泥粒径增大,有助于反应器中粒子间的絮凝作用;同时,$SMP_P/SMP_C$ 比值增加了 29.0%,减少了膜组件的不可逆污染,增加了膜组件的寿命。Ishizaki 等[9]通过测量 MFC 阳极流出物的膜污染电位,探究了阳极代谢对 MBR 膜污染的影响。研究发现,虽然 COD 去除率相当,但与有氧呼吸相比,有较高电流产生的 MFC 中,生物聚合物的产量减少,从而降低了 MBR 的结垢性能;并且 MFC 阳极代谢条件下产生的生物聚合物少于厌氧呼吸条件下产生的生物聚合物,降低了膜污染潜力。Li 等[10]研究了 MFC-MBR 中污泥的污染特性,从而揭示了膜污染缓解机制。通过 DLVO(Derjaguin-Landau-Verwey-Overbeek)理论分析,发现 MFC-MBR 中的 SMP 与膜组件之间的黏附自由能降低,SMP 在膜表面的吸附受到抑制,并且 MFC-MBR 中污泥絮凝物表面的负电荷减少。这些结果证实,降低 SMP 和污泥絮凝物的污染潜力对于 MFC-MBR 中的膜污染缓解至关重要。Liu 等[11]研发了一种新型 MFC-AnMBR 耦合系统来缓解膜污染,而不是通过静电斥力防治膜污染。研究结果表明,耦合系统膜表面的蛋白质、$\alpha$-多糖和 $\beta$-多糖分别减少了 45.34%、57.19% 和 26.46%;在电场作用下,高分子量的多糖物质可以转化为低分子量的含羟基化合物,更容易被微生物降解和利用,从而防止膜污染。无论是从静电斥力的角度分析,还是从悬浮液中黏附性物质的角度分析,以上结果都表明了微电场的存在可以使一些容易附着在膜组件上的物质含量减少,为膜污染缓解提供了参考依据。

综上,将 MFC 与 MBR 技术耦合,可以充分发挥两者的优点,MFC 借助 MBR 提高苯酚废水的处理效率,MBR 借助 MFC 提供电场减缓膜污染,降低运行成本。

## ● 本章参考文献

[1] 何伟华,刘佳,王海曼,等.微生物电化学污水处理技术的优势与挑战[J].电化学,2017,23(3):283-296.

[2] PARK D H,ZEIKUS J G. Electricity generation in microbial fuel cells using neutral red as an electronophore[J]. Applied & environmental microbiology,2000,66(4):1292-1297.

[3] KIM B,CHANG I,HYUN M,et al. A biofuel cell using wastewater and active sludge for wastewater treatment:EP00911467.9[P].2002-08-21.

[4] WANG X,CHANG V W C,TANG C Y. Osmotic membrane bioreactor(OMBR)technology for wastewater treatment and reclamation:Advances,challenges,and prospects for the future[J]. Journal of membrane science,2016,504:113-132.

[5] LIU J,LIU L,GAO B,et al. Integration of bio-electrochemical cell in membrane bioreactor for membrane cathode fouling reduction through electricity generation[J]. Journal of membrane science,2013,430:196-202.

[6] LIU J,LIU L,GAO B,et al. Integration of microbial fuel cell with independent membrane cathode bioreactor for power generation,membrane fouling mitigation and wastewater treatment[J]. International journal of hydrogen energy,2014,39(31):17865-17872.

[7] LI H,TIAN Y,SU X Y,et al. Investigation on SMP and EPS in membrane bioreactor combined with microbial fuel cells[J]. China environmental science,2013,33(1):49-55.

［8］ LI H,ZUO W,TIAN Y,et al. Simultaneous nitrification and denitrification in a novel membrane bioelectrochemical reactor with low membrane fouling tendency［J］. Environmental science and pollution research,2016,24(6):1-12.

［9］ ISHIZAKI S,TERADA K, MIYAKE H,et al. Impact of anodic respiration on biopolymer production and consequent membrane fouling［J］. Environmental science & technology,2016,50(17):9515-9523.

［10］ LI H,XING Y,CAO T L,et al. Evaluation of the fouling potential of sludge in a membrane bioreactor integrated with microbial fuel cell［J］. Chemosphere,2020,262:128405.

［11］ LIU Y,CAO X,ZHANG J. The use of a self-generated current in a coupled MFC-AnMBR system to alleviate membrane fouling［J］. Chemical engineering journal,2022,442(1):136090.

# 第2章
# MFC-MBR耦合系统的产电性能优化研究

## 2.1 概述

对于MFC来说,电极材料的性能至关重要,其作为载体用于产电微生物的附着,直接影响微生物附着量、底物氧化程度和电子转移速度。因此,选择高性能的电极材料,并对其进行修饰,提高导电性能,是非常必要的。石墨烯(Graphene)是一种新型的二维薄壁结构的纳米碳材料,具有良好的生物相容性、优越的氧还原电催化活性、大的理论比表面积($2630m^2/g$)和良好的电导率等特点,已被证明是优越的碳载体材料[1]。在石墨烯的表面用杂原子(如N、P、S)改性,可以使其表面产生不对称的自旋密度,提高表面正电荷密度及缺陷位点,加强$O = O$键的吸附和有效断裂。同时,在石墨烯的表面固定金属、金属氧化物、导电聚合物等可以提高其比表面积、电导率和增加活性位点数。

另外,MFC是以电极表面的微生物作为催化剂,催化氧化基质产电。因此,微生物在电极表面的生长对于MFC的电化学性能和降解具有重要的影响。一般情况下,从自然环境中获取的混合菌中包含较少的电化学活性菌和特定的降解菌。因此,驯化过程对于MFC,尤其对于同步处理难降解有机物的MFC来讲是至关重要的一步。驯化是一个对微生物进行选择的过程,影响着最终的微生物多样性,从而影响整个MFC的性能。运行模式是影响MFC驯化过程的一个重要因素。批式运行条件下容易富集得到自身能够分泌电子介体的微生物,例如 *Pseudomonas aeruginosa*。而在连续流MFC中,这类自介体产电菌不具有竞争优势,而是以直接接触阳极进行电子传递的产电菌为主。驯化过程与MFC中电子供体类型也有一定的联系,不同电子供体类型会驯化得到不同的菌种。在这样一个电化学与微生物代谢紧密关联的综合体系中,微生物在电极表面的生长及驯化过程是影响MFC-MBR耦合系统性能的重要因素。

为此,本章针对MFC-MBR耦合系统产电的特性,对阴阳极进行了石墨烯基改性,并考察了阳极微生物梯度驯化方式的可行性。

## 2.2　rGO/MnO₂/NF 复合阳极的制备及电化学性能研究

$$\boxed{2.2}\quad \text{rGO/MnO}_2\text{/NF 复合阳极的制备及电化学性能研究}$$

　　泡沫镍(NF)是通过电沉积制备的海绵状三维多孔金属材料,具有良好的导电性和多孔结构,且价格便宜,因此 NF 是可用于电极集流体的良好材料。NF 作为阳极,一方面可以使微生物更好地附着在电极的表面及内部,另一方面可以降低内阻,加速电子的传递。二氧化锰($MnO_2$)具有价格便宜、来源广泛、比电容高、毒性低、化学稳定性高、氧化还原催化活性高的优良性质,因此常被用来修饰阳极以提高其性能。$MnO_2$ 的导电性不好,往往需要与一些碳材料结合起来提高其导电性,而石墨烯具有高的电导率、大的比表面积,被广泛用于提高材料的导电性,因此将 $MnO_2$、NF、还原氧化石墨烯复合起来作为 MFC 的阳极,并考察其对 MFC 产电性能的影响。

### 2.2.1　rGO/MnO₂/NF 复合阳极的制备

#### 2.2.1.1　rGO/NF 的制备

　　(1)分别称取 0.075g 的石墨烯置于两个小烧杯中,分别加入 25mL 的蒸馏水,超声至石墨烯完全分散,制备成 3mg/mL 的氧化石墨烯(GO)溶液。

　　(2)配制抗坏血酸(LAA)溶液,分别称取 0.225g 的抗坏血酸粉末溶解于 25mL 蒸馏水中,制备成 9mg/mL 的 LAA 溶液。

　　(3)将超声好的石墨烯再超声 5min,同时将配制好的抗坏血酸溶液分别倒入已超声好的石墨烯中,超声 20min。

　　(4)将预处理过的泡沫镍基片放入上述溶液中再超声 5min,然后将泡沫镍连同溶液倒入水热反应釜中,将水热反应釜放入干燥箱中,在 80℃温度下加热 2h 后取出,待水热反应釜冷却至室温后取出制备好的泡沫镍并用蒸馏水进行冲洗,干燥后得到 rGO/NF 电极。

#### 2.2.1.2　rGO/MnO₂/NF 的制备

　　(1)分别称取 0.079g 的高锰酸钾置于两个烧杯中,分别加入 50mL 的蒸馏水,制备成 3mg/mL 的高锰酸钾溶液。

　　(2)将制备好的 rGO/NF 电极放入水热反应釜中并倒入上述制备好的高锰酸钾溶液。

　　(3)将水热反应釜放入干燥箱中,在 160℃的温度下加热 3h 后取出,待水热反应釜冷却至室温后取出电极并用蒸馏水冲洗表面,干燥后即可得到 rGO/MnO₂/NF 电极。

　　预处理泡沫镍基片以及制备的 rGO/MnO₂/NF 电极分别如图 2-1、图 2-2 所示。

　　预处理过的泡沫镍基片是银白色的小圆片,制备好的电极材料表面则覆盖了一层黑色的物质,表明 rGO 和 $MnO_2$ 成功负载在泡沫镍基片上。预处理过的泡沫镍基片表面均匀,观察外表可以看到是泡沫状的,有许多分布均匀的小孔,这正是泡沫镍的独特优势,其大的比表面积可以为微生物提供更多的附着位点。制备完毕后的电极,可以看到泡沫镍基片表面覆盖着 rGO 以及 MnO$_2$。其中 rGO 可以增强电极的导电性,而 MnO$_2$ 生物相容性较好。

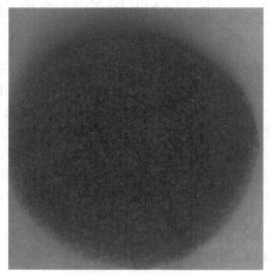

图 2-1　预处理泡沫镍基片

图 2-2　制备的 rGO/MnO$_2$/NF 电极

## 2.2.2　rGO/MnO$_2$/NF 复合阳极的表征

### 2.2.2.1　扫描电镜(SEM)分析

预处理泡沫镍基片与两步水热法制备的 rGO/MnO$_2$/NF 电极的 SEM 图如图 2-3 所示,由图 2-3a)可以看出,预处理泡沫镍基片呈现出一种良好的三维结构;由图 2-3b)可以看出,两步水热法成功地制备出 rGO/MnO₂/NF 电极,泡沫镍在负载前后是不同的,其骨架上均匀分布了一层 rGO;由图 2-3c)可以看出,泡沫镍骨架上均匀分布了一层 rGO,MnO₂ 在 rGO 表面上均匀分布;由图 2-3d)可以看出,MnO₂ 颗粒在石墨烯表面分散均匀,加强了 rGO/MnO₂/NF 电极的导电性和比表面积。

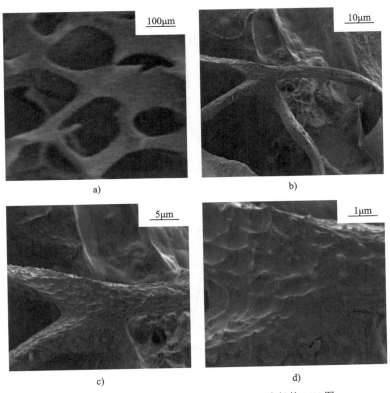

图 2-3　预处理泡沫镍基片与 rGO/MnO₂/NF 电极的 SEM 图

a)预处理泡沫镍基片 SEM 图;b)10μm 下 rGO/MnO₂/NF 电极的 SEM 图;c)5μm 下 rGO/MnO₂/NF 电极的 SEM 图;d)1μm 下 rGO/MnO₂/NF 电极的 SEM 图

### 2.2.2.2　X 射线衍射分析

通过 rGO/MnO₂/NF 电极的 X 射线衍射(XRD)图(图 2-4)可知,在 $2\theta = 26.1°$(图中 $a$ 处)、37.2°(图中 $b$ 处)和 64.9°(图中 $c$ 处)处出现的衍射峰,与 MnO₂ 的标准谱(JCPDS No.44-0141)相同,是 MnO₂ 的特征峰。在 $2\theta = 44.3°$、51.9°和 76.1°处出现的明显的衍射峰分别对应 Ni(111)、Ni(200)和 Ni(220),与镍的标准谱(JCPDS No.04-0850)相一致,是泡沫镍的标志,这表明 MnO₂ 成功负载在泡沫镍的表面,并且可以增强电极的性能。

### 2.2.2.3　拉曼光谱分析

图 2-5 为 rGO/MnO₂/NF 电极中 rGO 的拉曼光谱图。从图中可以看出,rGO/MnO₂/NF 电极在 1355cm⁻¹ 和 1595cm⁻¹ 处出现 2 个明显的强特征峰,分别为石墨烯的 D 峰和 G 峰。其中,D 峰主要是样品本身的缺陷以及表面的无序引起的,而 G 峰是 sp² 碳原子的 E₂g 一阶拉曼散射

过程引起的。通常用 D 峰与 G 峰的强度比值来判断材料的性能,比值越大,表明材料表面的缺陷越多,无序化程度越高,比表面积越大。图中 D 峰与 G 峰的比值为 1.28,表明 GO 大部分被还原,rGO 成功负载在泡沫镍上。

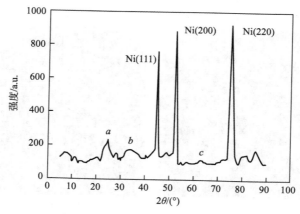

图 2-4 rGO/MnO₂/NF 电极的 XRD 图

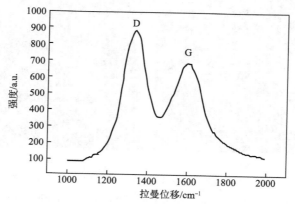

图 2-5 rGO/MnO₂/NF 电极中 rGO 的拉曼光谱图

## 2.2.3 rGO/MnO₂/NF 复合阳极产电性能研究

### 2.2.3.1 输出电压

为了研究 rGO/MnO₂/NF 阳极、NF 阳极和碳毡(CF)阳极的 MFC 电池性能,三个 MFC 反应器(rGO/MnO₂/NF-CF-MFC,NF-CF-MFC 和 CF-CF-MFC)并行运行。如图 2-6 所示,可清晰观察到三个电池展现出典型的电压增长曲线的轮廓,但是修饰的 rGO/MnO₂/NF 阳极与 NF 阳极和 CF 阳极相比,有更高的电压输出。rGO/MnO₂/NF,NF 和 CF 阳极稳定的最大电压分别为 $(420 \pm 5)$ mV,$(270 \pm 6)$ mV 和 $(120 \pm 4)$ mV,这个数字表明 NF 阳极的效果优于 CF 阳极,rGO/MnO₂/NF 阳极产生的电流密度大于 NF 阳极产生的电流密度,可能是因为 rGO/MnO₂ 促进了微生物中电子转移到阳极,增大了电流,从而电压增大。

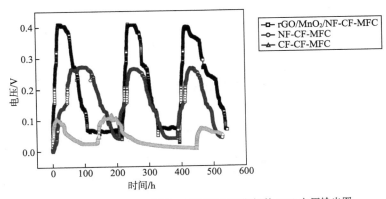

图 2-6　rGO/MnO₂/NF 阳极、NF 阳极和 CF 阳极的 MFC 电压输出图

### 2.2.3.2　功率密度

从图 2-7 可以看出,rGO/MnO₂/NF-CF-MFC 产生的功率密度($643.9\mathrm{mW/m^2}$)大于 NF-CF-MFC 的($248.3\mathrm{mW/m^2}$),这表明 rGO/MnO₂ 可以改善 NF 的性能,可能是因为它增强了 NF 的生物相容性并增加了生物黏附性,从而加快了电子转移速率。CF-CF-MFC 产生的功率密度($34.58\mathrm{mW/m^2}$)比 NF-CF-MFC 小得多,这是因为 NF 的三维泡沫结构增大了其比表面积,微生物附着量增加,从而加速了电子转移。这三种电池的内部电阻分别为 rGO/MnO₂/NF-CF-MFC $512.98\Omega$,NF-CF-MFC $890\Omega$,CF-CF-MFC $1359\Omega$。NF-CF-MFC 的内阻远小于 CF-CF-MFC 的内阻,这可能是因为 NF 具有较大的比表面积和良好的导电性。而 rGO/MnO₂/NF-CF-MFC 具有比 NF-CF-MFC 更小的内阻,因为 rGO/MnO₂ 增大了电极的比表面积并加速了电子转移,从而降低了内阻。测得的内阻大于 Liang 等[2]的研究结果,这可能是由于 Liang 等使用较小的电池,两个电极之间的距离较短,导致电池内部电阻较小。另外,使用不同的缓冲溶液和营养物质,有可能导致内阻差别很大。为了进一步探究其差异性的缘由,下面对阴阳极的极化曲线进行了研究。

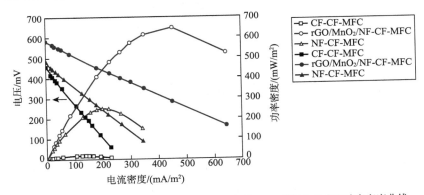

图 2-7　rGO/MnO₂/NF 阳极、NF 阳极和 CF 阳极的 MFC 的极化曲线和功率密度曲线

从图 2-8 可以看出,rGO/MnO₂/NF 阳极的极化程度最小,阳极工作电势很大程度上取决于电极表面的材料,随着电极比表面积的增大,阳极电极的极化程度逐渐减小。相对而言,阴

极极化曲线的变化很小,阴极对 MFC 性能的影响可以忽略。这一结果表明,总功率性能的提高主要是阳极性能的改善引起的。对于空白的 CF 阳极的 MFC 来说,当电流密度从 0 增加到 $0.05A/m^2$ 时,阳极电位显示出明显的增加(-0.4 ~ -0.3V)。然而,对于 $rGO/MnO_2/NF$ 阳极和 NF 阳极的 MFC 来说,随着电流密度的增加(0 ~ $0.05A/m^2$),阳极电位仅有很小的变化(-0.48 ~ -0.43V, -0.44 ~ -0.35V)。这表明 NF 电极可以提供大的比表面积,$rGO/MnO_2$ 可以有效加速电极与微生物之间的电子转移,从而改善阳极的性能。

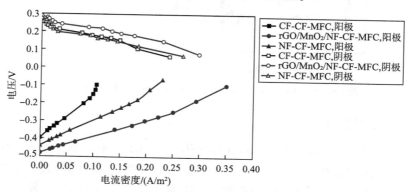

图 2-8    $rGO/MnO_2/NF$ 阳极、NF 阳极和 CF 阳极的 MFC 的阴阳极极化曲线

# 2.3  氮掺杂石墨烯基钴氧化物阴极的制备及电化学性能研究

研究表明将石墨烯表面功能化或是引入杂原子可以改善石墨烯的物理性质。在石墨烯表面引入 N 可以提高其催化活性及耐用性,此外 N 的引入有利于微生物的生长和富集[3]。金属及其氧化物的引入可以增加石墨烯表面的活性位点,将二者结合可以进一步优化石墨烯的催化性能[4]。近年来石墨烯基钴氧化物($N/CoO_x$-G)作为超级电容器、锂电池等的电极材料表现出了良好的电化学活性,相关的研究很多,而作为 MFC 的阴极催化剂的研究却很少,将杂原子与钴氧化物相结合有望进一步扩宽石墨烯基 MFC 阴极催化剂的研究领域。

## 2.3.1  氮掺杂石墨烯基钴氧化物阴极的制备

### 2.3.1.1  氮掺杂石墨烯基钴氧化物的制备

采用一步水热法制备氮掺杂石墨烯基钴氧化物复合物。其制作过程为:将 25mg $CoCl_2$·$6H_2O$ 与 1g 尿素溶解在 10mL 去离子水中备用。将 10mL 的 GO 水溶液(浓度为 4mg/mL)超声震荡 30min,随后将该溶液滴入 $CoCl_2$·$6H_2O$ 与尿素的混合液中超声 15min,磁力搅拌 10min。最后将上述溶液转入不锈钢高压釜中于 150℃下反应 12h,将所得到的产物用蒸馏水和乙醇洗涤数次,冷冻干燥即可。为了进行对比试验,同时做了 $CoO_x$-G(钴掺杂石墨烯)与 N-G(氮掺杂石墨烯），实验条件与上述相同。此外纯碳毡阴极作为空白电极。

#### 2.3.1.2　阴极的制备

将碳毡裁成 5cm×5cm 大小作为 MFC 阴极催化剂载体。称取 12.5mg 制备的氮掺杂石墨烯基钴氧化物催化剂加入 87.5μL Nafion 溶液（5%）和 0.5mL 无水乙醇，超声 30min 分散均匀。然后将分散液均匀涂布于裁好的碳毡上，室温下自然干燥 24h。氮掺杂石墨烯、钴掺杂石墨烯阴极制备方法同上所述。同时将未经处理的碳毡作为空白阴极，作为空白对照组。为便于记录，分别将这四种阴极催化剂标记为 N/CoO$_x$-G，CoO$_x$-G，N-G 和 C。

### 2.3.2　氮掺杂石墨烯基钴氧化物阴极的表征

#### 2.3.2.1　XRD 分析

XRD 可以探究出制备材料中所含有的钴氧化物晶体结构。从图 2-9 所示的 XRD 谱中可以观察到在约 25.5° 处有一个较宽的衍射峰，这表明 CoO$_x$-G 与 N/CoO$_x$-G 两个样品中都存在石墨烯氧化物中的石墨化碳。对于 CoO$_x$-G，可以观察到的峰为 19.0°，31.2°，38.6°，44.8°，59.3° 和 65.2° 处，这归因于 Co$_3$O$_4$ 的（111），（220），（222），（400），（511）和（440）晶面。此外，在 42.4° 处还有一个衍射峰，这是 CoO 的（220）晶面引起的。N/CoO$_x$-G 与 CoO$_x$-G 相比峰的位置会有些许的差异，主要表现为在 38.6°，44.8° 和 65.2° 处的衍射峰消失，在 36.5°，61.6° 和 77.6° 处出现新的衍射峰，对应的是 CoO 的（111），（220）和（222）晶面，造成这种差异的原因可能是尿素的引入将一部分 Co$^{3+}$ 还原成 Co$^{2+}$，进一步合成 CoO。同时 N/CoO$_x$-G 的 XRD 谱也可以证明 Co$_3$O$_4$ 和 CoO 两种钴氧化物共同存在于石墨烯氧化物中。

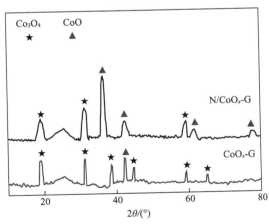

图 2-9　N/CoO$_x$-G 与 CoO$_x$-G 的 XRD 谱图

#### 2.3.2.2　傅里叶变换红外光谱表征

傅里叶变换红外光谱（FTIR）可以证实 GO 及其还原后的结构中官能团的变化。如图 2-10 所示，GO 出现的活性官能团的红外特征峰主要为：在 3440cm$^{-1}$ 处观察到的宽峰，证实了 GO 表面存在的羟基(— OH)拉伸振动,这主要是由于 GO 层间的结合水的影响。此外,还有 C ══ O 的伸缩振动(1739cm$^{-1}$),C ══ C 的骨架振动(1619cm$^{-1}$)和 C — O 的伸缩振动(1052cm$^{-1}$)。以尿素为还原剂制备的 N-G 除了在 1739cm$^{-1}$,1619cm$^{-1}$ 和 1052cm$^{-1}$ 处的三个峰外,还可以发现在 3440cm$^{-1}$ 处的— OH 拉伸振动峰要减弱很多,这是因为尿素作为还原剂可以使 GO 表面的 — OH 脱落;此外,在 1578cm$^{-1}$,1550cm$^{-1}$ 和 1259cm$^{-1}$ 处的峰对应的是 C ══ N的伸缩拉动,N — H 的弯曲振动和 C — N 的伸缩拉动,证实了 N 原子掺杂到石墨烯表面。从 CoO$_x$-G 的 FTIR 图中可以观察到较弱的— OH 拉伸振动(3440cm$^{-1}$),在 1739cm$^{-1}$ 处的 C ══ O 的伸缩振动,在 1560cm$^{-1}$ 处的石墨烯的骨架振动,在 1172cm$^{-1}$ 处的 C — O 的伸缩振动,还可以发现 661cm$^{-1}$ 处和 570cm$^{-1}$ 处两个特征峰,分别对应的是 Co$_3$O$_4$ 和 CoO 中的 Co$^{3+}$ 和 Co$^{2+}$,这表明 CoO$_x$ 掺杂到石墨烯表面。从 N/CoO$_x$-G 的 FTIR 图中可以看到在 3440cm$^{-1}$ 处的 — OH拉伸振动几乎没有,这说明 GO 层间的结合水几乎完全逸出;1739cm$^{-1}$ 处的 C ══ O 的伸缩振动和 1172cm$^{-1}$ 处的 C — O 的伸缩振动几乎消失,这说明 GO 已经很好地还原成石墨烯,在 1578cm$^{-1}$,1259cm$^{-1}$,661cm$^{-1}$ 和 570cm$^{-1}$ 处的特征峰也说明 N 与 CoO$_x$ 很好地掺杂到石墨烯表面。

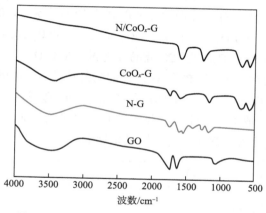

图 2-10　N/CoO$_x$-G,CoO$_x$-G,N-G 和 GO 的 FTIR 图

### 2.3.2.3　拉曼光谱分析

用拉曼光谱的两个主要峰 G 峰和 D 峰可以进一步确定材料的石墨结构。1597cm$^{-1}$ 处的 G 峰对应高度有序的石墨碳材料,1358cm$^{-1}$ 处的 D 峰是无序的石墨特征峰。通常用 $I_D/I_G$ 的强度比来测量碳材料的结构无序性。如图 2-11 所示,N/CoO$_x$-G,CoO$_x$-G 和 N-G 三种材料的 D 峰和 G 峰都相对于 1597cm$^{-1}$ 和 1358cm$^{-1}$ 有所偏移,这是由于石墨烯层间引入了新的物质。N/CoO$_x$-G 的 $I_D/I_G$ 值为 2.05,CoO$_x$-G 为 1.63,N-G 为 1.25,均大于 1,这说明三种材料的石墨烯表面都有缺陷,有利于石墨烯接触更多的氧分子,其中 N/CoO$_x$-G 的 $I_D/I_G$ 值最大,进一步表明 N 与 CoO$_x$ 的共同作用可以丰富石墨烯的缺陷位点,为更高效的氧还原反应提供基底。且石墨层和负载于其表面的金属氧化物纳米粒子的协同作用可以加速电荷转移,缩短扩散路径,减少金属纳米粒子的损失,从而使氧电还原反应具有良好的电化学活性和稳定性。

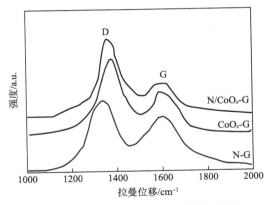

图 2-11　N/CoO$_x$-G,CoO$_x$-G,N-G 的拉曼光谱图

### 2.3.2.4　XPS 分析

对材料进行 XPS 表征,可以得到其表面的元素组成。如图 2-12a)所示,可以清楚地观察到 N/CoO$_x$-G有显著的 C 1s 峰,N 1s 峰,O 1s 峰和 Co 2p 峰。如图 2-12b)所示,C 1s 可分化为 C1,C2,C3。C1 来源于 sp$^2$ 杂化的石墨碳,C2 来源于与氮结合的贫电子碳,C3 与 rGO 的 O—C≡O 功能有关,与 FTIR 图一致。如图 2-12c)所示,N 1s 峰可分为三个不同的峰,在 398.4eV(吡啶型 N),400.0eV(吡咯型 N)和 401.1eV(石墨型 N)处。吡啶型 N 是指在石墨烯层边缘的氮原子,吡咯型 N 是指石墨烯平面内与五个 C 原子结合的 N 原子,石墨型 N 是指在石墨烯平面与三个 C 原子结合的 N 原子,其中吡啶型 N 在全部 N 类型中具有最小的过电位,掺杂吡啶型 N 的石墨烯对 ORR(氧还原反应)具有很高的电催化活性。此外,吡啶型 N 和吡咯型 N 已被证明是加速碳材料 ORR 的活性位点,并且两者的协同作用能有效提高碳材料对氧分子的吸附和还原能力。此外,Co 2p 可分解成三个峰值,表明 Co$^{2+}$ 和 Co$^{3+}$ 共存。如图 2-12d)所示,位于 778.2eV 处的峰指的是 Co$_3$O$_4$,而位于 781.2eV 处的峰指定为 CoO。此外在 782.2eV 处的峰也证明了 Co—N 键的存在,其更有利于钴氧化物稳定在石墨烯表面,且 Co—N 还可以在石墨烯表面作为催化活性位点,进一步提高氧还原反应的性能。

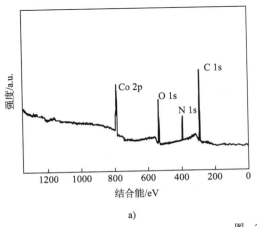

a)

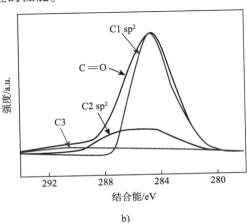

b)

图　2-12

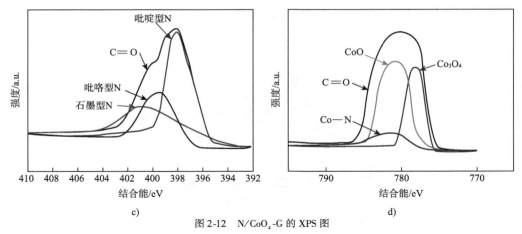

图 2-12　N/CoO$_x$-G 的 XPS 图

a) N/CoO$_x$-G 全谱扫描; b) C 1s 高分辨扫描; c) N 1s 高分辨扫描; d) Co 2p 高分辨扫描

### 2.3.3　氮掺杂石墨烯基钴氧化物阴极产电性能研究

#### 2.3.3.1　输出电压

如图 2-13 所示为不同阴极材料 MFC 运行初期的电压曲线图。在 MFC 运行初期,各个 MFC 的产电率很低,且很不稳定,其最大电压相差也并不明显。这是由于驯化初期,处于 MFC 阳极室中的厌氧微生物还没有富集到阳极表面,因而其呼吸活动氧化分解葡萄糖产生的 e$^-$ 只能有很少的一部分传递至外电路输送到阴极。

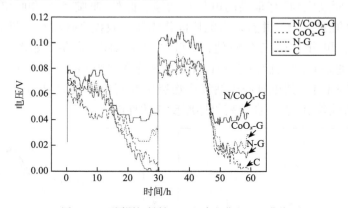

图 2-13　不同阴极材料 MFC 运行初期的电压曲线

当电压稳定后,从图 2-14 中可以看出以 N/CoO$_x$-G 为催化剂的 MFC 产电率最大(626mV),且当达到最大电压后,电压能稳定在该水平很长一段时间,其次以 CoO$_x$-G 为催化剂产电率为 506mV,以 N-G 为催化剂产电率为 484mV,均高于以 C 为催化剂得到的产电率(236mV)。虽然 CoO$_x$-G 的电压比 N-G 要高,但是其在最大电压的稳定时间要比 N-G 短,这是由于 N 的引入可以增加材料的稳定性。而 N/CoO$_x$-G 的产电率最高,也说明 N 与 CoO$_x$ 的协同作用可以进一步提高 MFC 的产电性能及稳定性。

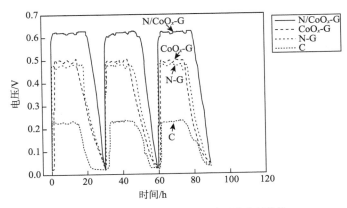

图2-14 不同阴极材料MFC稳定后的电压曲线

## 2.3.3.2 功率密度

为进一步研究不同催化剂的MFC产电性能,对各个MFC做了功率密度曲线图[图2-15a)]、极化曲线图[图2-15b)]和阴阳极极化曲线图[图2-15c)]。如图2-15a)所示,以N/CoO$_x$-G为催化剂的MFC最大功率密度最大(801mW/m$^2$),其次是CoO$_x$-G(406.8mW/m$^2$),N-G(330.5mW/m$^2$),均比C(37.1mW/m$^2$)要高。由图2-15b)可知,以N/CoO$_x$-G为催化剂的MFC内阻最小(160.4Ω),其次是CoO$_x$-G(254.9Ω),N-G(293.5Ω),未经修饰的碳毡阴极C最大(978.5Ω),从而说明当电池驯化成熟达到稳定后,内阻的差异导致了MFC的输出功率不同。其中性能最佳的N/CoO$_x$-G阴极催化剂与碳毡阴极C相比,功率密度是其21.6倍,内阻降低了818.1Ω,表明杂原子N与CoO$_x$的引入可以有效提高MFC的产电性能。图2-15c)可以进一步解释造成这种差异的原因。从图中可以看出不同催化剂的MFC的阳极阻抗(N/CoO$_x$-G 148.5Ω,CoO$_x$-G 157.3Ω,N-G 155.4Ω,C 178.8Ω)相差并不大,而阴极的阻抗却相差很多,说明阴极的性能可能是造成MFC产电差异的主要原因。

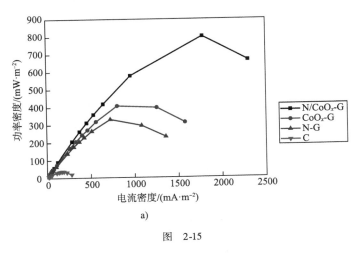

图 2-15

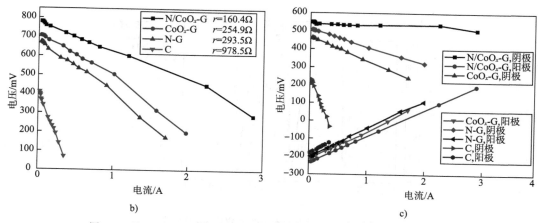

图 2-15　使用不同催化剂的 MFC 的功率密度曲线、极化曲线和阴阳极极化曲线

a)功率密度曲线;b)极化曲线;c)阴阳极极化曲线

### 2.3.3.3　不同阴极的电催化活性

为考察不同阴极的氧还原电催化活性,进行循环伏安测试。扫描范围始终保持在 $-0.7 \sim$ $0.7V$,扫描速率为 $25mV/s$。如图 2-16 所示,以 $N/CoO_x$-G 为催化剂的 MFC 阴极有明显的氧还原峰,其峰电流达到了 $-4.16mA/cm^2$,$CoO_x$-G 和 N-G 的氧还原峰很弱,而纯碳毡阴极 C 没有测到氧还原峰。这表明杂原子 N 的引入与 $CoO_x$ 的功能化可以具有更强的氧还原电催化活性,使反应从动力学上讲更为容易进行,这些都说明 $N/CoO_x$-G 具有优越的氧还原电催化活性,从而使以 $N/CoO_x$-G 为阴极催化剂的 MFC 产电性能最佳。N 原子的引入可以使与之毗邻的 C 原子具有较高的正电荷密度,其离域效应会加快 $C=O$ 键的结合,并弱化 $O=O$ 键,从而使氧还原进程加速,并且能够使材料具有耐久性和稳定性。而 $CoO_x$ 作为活性位点引入石墨烯表面不仅可以促进氧还原的电子转移,同时可以增大石墨烯的比表面积,有利于石墨烯接收更多的氧气。同时 Co—N 键的存在有助于 N 稳定在石墨烯表面,二者的协同作用促进氧的吸附与还原,进而加速阴极的氧还原进程。由此可解释以 $N/CoO_x$-G 为催化剂的 MFC 的阴极性能最佳的原因。

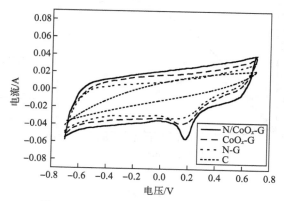

图 2-16　不同催化剂的电化学循环伏安曲线

#### 2.3.3.4　N/CoO$_x$-G 阴极的运行稳定性

由以上分析可知 N/CoO$_x$-G 作为 MFC 的阴极催化剂能有效加速 MFC 阴极催化剂的进程，图 2-17 对其稳定性进行了测试。如图 2-17 所示，以 N/CoO$_x$-G 为阴极催化剂的 MFC 在运行 4 个月后，其电压只下降了 3.7%，说明该催化剂具有十分良好的稳定性。Ahmed 等[5] 报道的以碳载钴氧化物纳米颗粒为 MFC 的阴极催化剂，其最大功率密度可达 654mW/m$^2$，但循环 50 次后电压已降到原来的 85%，稳定性较差。本研究使用的 N/CoO$_x$-G 催化剂达到的最大功率密度为 801mW/m$^2$，高于 654mW/m$^2$，且其稳定性比较好，证明了 N 的引入可以增加材料的稳定性和耐用性，说明其作为阴极催化剂具有良好的可持续性，且 N 的引入有利于微生物的生长和富集。与 Wang 等[6] 报道的三氨基嘧啶氮源相比，本研究采用的尿素氮源更容易获得，且实验步骤比较简单，作用条件比较温和，作为一种非贵重金属催化剂其成本与 Pt 相比大大降低，更适合实际应用。

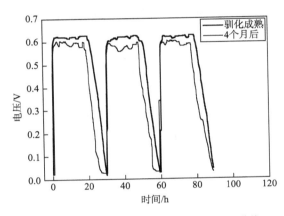

图 2-17　N/CoO$_x$-G 运行 4 个月后的电压变化曲线

## 2.4　MFC-MBR 耦合系统的梯度驯化

对于 MFC-MBR 耦合系统，可供选择的驯化方式有三种，分别是直接驯化、间接驯化和梯度驯化。直接驯化就是直接使用苯酚废水作为耦合系统的能量来源，通过若干个周期的更迭使系统的产电能力达到最高水平；间接驯化是指先使用葡萄糖等易降解物质作为耦合系统的能量来源，通过若干个周期的更迭使系统产电能力达到最高水平，然后更换苯酚废水作为系统的能量来源，再经过若干个周期更迭后使耦合系统在使用苯酚废水作为能量来源的情况下产电能力达到最高水平；梯度驯化就是在驯化周期更迭时使用一定比例的苯酚废水逐步替代葡萄糖作为耦合系统的能量来源，直至苯酚废水作为耦合系统的唯一能量来源，并在此过程中使耦合系统产电能力达到最高水平。由于耦合系统包含 MFC 和 MBR 两个部分，所以选择驯化方式时需要综合考虑。通过之前 MBR 驯化方式的研究[7] 以及驯化方式对微生物燃料电池处理焦化废水与产电的影响研究[8]可知,虽然 MFC 经过直接驯化后除了污水降解率略高以外与梯度驯化无明显差异,但是对于 MBR,梯度驯化能够使 MBR 膜组件中的微生物对苯酚的适应性更强,处理效果更好,所以耦合系统选择梯度驯化作为驯化方式。

### 2.4.1 梯度驯化装置及驯化过程

MFC-MBR 耦合系统结构如图 2-18 所示。此系统是由有机玻璃构成的长方体反应器,反应器分为组件Ⅰ和组件Ⅱ,两组件规格都为 20cm×20cm×20cm,组件Ⅰ有效容积约 7.5L,组件Ⅱ有效容积 7.5L。组件Ⅰ与组件Ⅱ中间用 1K 超滤膜隔开,组件Ⅰ为厌氧环境,组件Ⅱ为好氧环境。组件Ⅰ中是 10cm×10cm 的碳毡电极,组件Ⅰ采用磁力搅拌器搅拌加强传质。组件Ⅱ中是 10cm×10cm 的碳毡电极和 MBR 膜生物反应器,组件Ⅱ采用曝气机进行曝气并且采用磁力搅拌器进行搅拌加强传质。两碳毡电极间距离为 20cm。以钛丝连接碳毡电极然后连接导线,导线连接外接电阻构成闭合回路。废水经过耦合系统处理的步骤如图 2-18 中箭头所示。

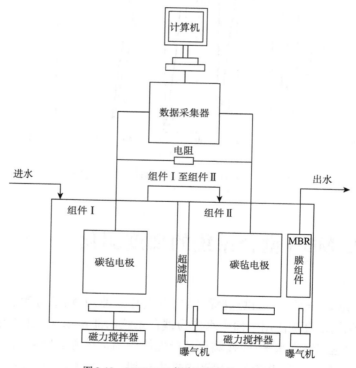

图 2-18　MFC-MBR 耦合系统结构示意图

外接电阻为 1000Ω,组件Ⅱ曝气强度为 2L/min,磁力搅拌器搅拌强度为 30r/min。MFC-MBR 耦合系统进入梯度驯化阶段,用苯酚逐渐替代葡萄糖直至其成为单一能量来源,替代比例按两种物质的 COD 系数折算。梯度驯化一共有 5 个周期,电压低于 200mV 时视为周期结束,组件Ⅰ与组件Ⅱ同时更换反应底物,具体含量如表 2-1 所示。

| 周期 | A | B | C | D | E |
|---|---|---|---|---|---|
| 葡萄糖/(mg/L) | 937.5 | 703.1 | 468.7 | 234.4 | 0 |
| 葡萄糖提供的COD/(mg/L) | 1000 | 750 | 500 | 250 | 0 |
| 苯酚/(mg/L) | 0 | 104.9 | 209.8 | 209.8 | 209.8 |
| 苯酚提供的COD/(mg/L) | 0 | 250 | 500 | 500 | 500 |

梯度驯化各周期底物含量　　　　　　　　　　　　　　表2-1

## 2.4.2　MFC-MBR耦合系统产电性能分析

系统驯化阶段电压如图2-19所示,其中箭头表示驯化周期的更迭,圆圈表示系统因外电阻接触不良而导致的电压数据异常。系统驯化共经历5个周期:

(1)A周期为COD值1000mg/L的纯葡萄糖作为反应底物,在底物加入系统后电压上升迅速,最高可达0.28V左右,而后外电阻接触不良导致电压异常增高至0.48V左右,排除故障后电压回落到正常范围,最后电压降至0.2V以下,周期结束。此周期历时约5d。

(2)B周期为COD值750mg/L的葡萄糖与COD值250mg/L的苯酚组成的混合反应底物,在底物加入系统后的初期,电压上升速度相比前一周期较慢,可能是由于苯酚的加入对产电微生物产生了抑制作用,在过了约2d之后,系统电压上升至0.5V左右,而后电压缓慢上升至0.52V,又过了约2d后,电压迅速上升,最高可达0.58V左右,之后电压降至0.2V以下,周期结束。此周期历时约7d。

(3)C周期为COD值500mg/L的葡萄糖与COD值500mg/L的苯酚组成的混合反应底物,在底物加入系统后,相比上一周期电压上升速度更快,在过了约3d后,电压升至0.62V左右,然后突然上升至0.75V又突然下降到0.62V左右,这是外电阻接触不良导致的,之后电压稳定在0.62V 1d左右,最后迅速升高至0.70V左右,之后电压降至0.2V以下,周期结束。此周期历时约10d。

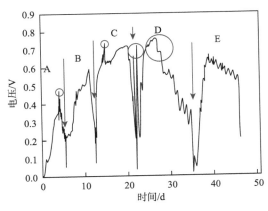

图2-19　系统驯化阶段电压变化情况图

(4) D 周期为 COD 值 250mg/L 的葡萄糖与 COD 值 500mg/L 的苯酚组成的混合反应底物,系统在底物加入后电压上升迅速,但是由于外电阻接触不良,电压输出出现了一段时间的大范围波动,排除故障后电压最高可达 0.66V 左右,之后电压降至 0.2V 以下,周期结束。此周期历时约 13d。

(5) E 周期为 COD 值 500mg/L 的纯苯酚作为反应底物,在底物加入系统后,持续了约 2d 的低于 0.2V 的电压输出,可能是由于纯苯酚对产电微生物产生了抑制作用,之后电压上升迅速并稳定在 0.6V 左右,最高电压可达 0.67V 左右,持续 7d 左右,之后电压降至 0.2V 以下,周期结束。此周期历时约 11d。

通过对比各个周期,可以发现随着周期的更迭,耦合系统的最大电压输出、周期的持续时间及上述各个周期的电压输出趋势都说明了耦合系统对苯酚的适应性在逐步增强,但是随着葡萄糖在反应底物中的占比越来越低,耦合系统还是受到了苯酚的影响。各个周期的对比如表 2-2 所示。

梯度驯化各周期产电性能数据 表 2-2

| 周期 | A | B | C | D | E |
|---|---|---|---|---|---|
| 葡萄糖提供的 COD/(mg/L) | 1000 | 750 | 500 | 250 | 0 |
| 苯酚提供的 COD/(mg/L) | 0 | 250 | 500 | 500 | 500 |
| 周期最大电压输出/V | 0.28 | 0.58 | 0.70 | 0.66 | 0.67 |
| 周期持续时间/d | 5 | 7 | 10 | 13 | 11 |

系统在经过 5 个周期的梯度驯化后,可在以 COD 值 500mg/L 的苯酚为反应底物的条件下,稳定地产生约 0.67V 的电压。

在最后一个周期,同步取样检测了周期初始和结束的 COD 值,结果表明,COD 在这一周期的去除率可以达到 86.3%,具体数据见表 2-3。结合稳定产电数据可以看出,MFC-MBR 耦合系统经过梯度驯化可以以苯酚为单一基质产电。

梯度驯化最后一个周期 COD 值的变化情况 表 2-3

| COD | 数值 |
|---|---|
| 周期起始 COD/(mg/L) | 538.9 |
| 周期结束 COD/(mg/L) | 73.8 |
| COD 去除率/% | 86.3 |

## ● 本章参考文献

[1] HASSAN R Y A, MEKAWY M M, RAMNANI P, et al. Monitoring of microbial cell viability using nanostructured electrodes modified with Graphene/Alumina nanocomposite[J]. Biosensors & bioelectronics, 2017, 91: 857-862.

［2］ LIANG P,ZHANG C,JIANG Y,et al. Performance enhancement of microbial fuel cell by apply-ing transient-state regulation［J］. Applied energy,2017,185:582-588.

［3］ WANG J,YANG X,WANG Y,et al. Rational design and synthesis of sandwich-like reduced graphene oxide/$Fe_2O_3$/N-doped carbon nanosheets as high-performance anode materials for lithium-ion batteries［J］. Chemical engineering science,2021,231:116271.

［4］ LV Q,WANG S,SUN H,et al. Solid-state thin-film supercapacitors with ultrafast charge/dis-charge based on N-doped-carbon-tubes/Au-nanoparticles-doped-$MnO_2$ nanocomposites［J］. American chemical society,2016,16(1):40-47.

［5］ AHMED J,YUAN Y,ZHOU L,et al. Carbon supported cobalt oxide nanoparticles-iron phthalo-cyanine as alternative cathode catalyst for oxygen reduction in microbial fuel cells［J］. Journal of power sources,2012,208(2):170-175.

［6］ WANG Q,HU W,HUANG Y. Nitrogen doped graphene anchored cobalt oxides efficiently bi-functionally catalyze both oxygen reduction reaction and oxygen revolution reaction［J］. Interna-tional journal of hydrogen energy,2017,42(9):5899-5907.

［7］ 李文钊. MBR 处理高浓度含酚废水研究［J］. 广东化工,2010,37(12):113,142.

［8］ 卢新陈,侯彬,王海芳,等. 驯化方式对微生物燃料电池处理焦化废水与产电的影响研究［J］. 科学技术与工程,2017,17(7):42-45,51.

# 第3章
# 微电场对MFC-MBR耦合系统膜污染的影响

## 3.1 概述

作为一种成熟的废水处理技术,MBR 出水质量高、出水稳定、容量负荷大、占地面积小且不受污泥影响,常被用于城市、生活和工业废水的处理[1]。但膜污染过程一直伴随着 MBR 运行,造成膜的过滤性能降低,缩短了其使用寿命,限制了 MBR 技术的广泛应用[2]。综上所述,找寻控制 MBR 膜污染的有效措施,并探究其膜污染的缓解机理,已经成为 MBR 的研究热点。

MBR 的运行通常分为两种:一是保持 TMP 不变,观察膜通量的变化;二是保持膜通量不变,观察 TMP 的变化[3]。目前,大多数污水处理厂都是在恒通量模式下运行的,一般通过观察 TMP 随时间的变化来表征膜污染的发展及变化状况。膜污染的发展变化过程主要包括三个阶段:初始阶段、稳定阶段和跳跃阶段。

在 MBR 初始运行阶段,由于部分微生物产物、污泥颗粒、溶质和胶体等物质的快速沉积和初始孔隙堵塞,TMP 出现短暂上升趋势。在初始阶段,部分微小的絮体仍会不断附着在膜表面和膜孔内造成膜的初期污染,膜表面由于初始污染层的堆积,对后续膜污染的形成产生影响。随着膜污染的发生,膜表面开始变化,生物絮体和微生物粒子更容易吸附在膜表面,这些物质长时间沉积在膜表面可能会演变成生物膜,使得膜孔堵塞更加严重。随着膜组件不断运行,有的膜孔甚至完全被堵塞。此外,有机质也开始吸附在裸露的膜表面上,逐渐形成泥饼层。此阶段膜通量逐渐降低,TMP 处于稳步持续上升状态。随着膜污染不断恶化,有机物和微生物产物能够迅速沉积到积累的泥饼层上,但由于污染物在膜表面的积累不均匀,膜组件不同位置的膜通量也不同。膜污染物质沉积量较多的位置膜通量逐渐降低,而沉积量较少的位置膜通量出现增加的趋势,当某些区域的局部通量超过临界通量时,TMP 出现跳跃式上升变化,膜污染程度急剧恶化[4]。

近年来,电辅助控制膜污染的方法被广泛应用到 MBR 中,主要目的是提高膜的渗透性。电辅助控制膜污染的方法可以使用外加电场(如电凝和电泳),也可以使用内电场,如微生物燃料电池。外加电场的使用似乎更加简单方便,但内电场由于能够直接从废水中提取能量,从而有效降低运行能耗而被广泛应用。

电凝技术是一种采用直接电流供电的膜污染控制方法。将电凝技术集成到 MBR 中,电流与细菌和膜能够直接相互作用。由于阳极是可溶性的铝或铁,电凝过程可以产生金属阳离子,这些金属阳离子能够与带负电荷的污染物(如蛋白质)进行电中和,从而抑制生物饼层的形成。此外,电絮凝工艺也有望改变混合液的性质,如增强污泥的沉降能力和过滤能力、增加生物聚合性,从而有利于膜污染的缓解。

电泳集成 MBR 工艺近年来得到了广泛应用,这主要是因为电场诱发的电泳能够使污染物和膜之间产生排斥,从而减缓膜污染[5]。Sarkar 等研究表明,高压电场应用于错流超滤可以抑制膜污染并提高渗透通量。在另一项研究中,微小的电场(0.036V/cm 和 0.073V/cm)从膜表面排斥带负电的颗粒并改变了污泥特性,从而降低了膜的结垢率。

MFC-MBR 耦合系统是基于微生物技术的新方法,将 MFC 产生的电能作用于 MBR 膜周围,形成微电场,从而对 MBR 膜污染产生影响。为此,本章通过监测 TMP,分析膜污染阻力,识别傅里叶红外分析膜表面以及电场范围内的污染物质,探究微电场作用下污染物质的迁移情况,从而阐明微电场对 MBR 膜污染的影响。

MFC-MBR 耦合系统的构型图如图 3-1 所示,实物图如图 3-2 所示。MFC-MBR 耦合系统的外壳由有机玻璃组成,反应器的构型为圆柱形双室 MFC,阴极室和阳极室之间由超滤膜隔开。阴极室为好氧环境,需要曝气机通氧,有效容积为 830mL;阳极室为厌氧环境,环绕在阴极室的外侧,有效容积为 760mL。同时,阴极室也作为 MBR 反应室,膜组件使用 PVDF 中空纤维膜。阳极电极由 42cm×6cm 的碳毡组成,阴极电极由 10cm×10cm 的碳毡卷成碳棒,两个电极之间形成了环形电场。该电路外电路由钛丝连接,外部电阻为 1000Ω。使用两组相同的装置,但运行条件不同,一组为开路,另一组为闭路。实验采用连续流的工作模式进行,苯酚废水首先在阳极室发生厌氧反应,然后通过阴极室进行好氧反应,最后通过 MBR 膜组件出水。

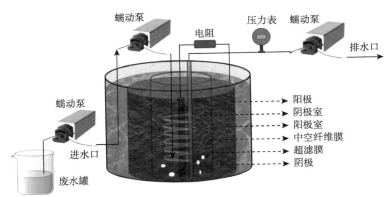

图 3-1 MFC-MBR 耦合系统构型图

图 3-2 MFC-MBR 耦合系统实物图

## 3.2 微电场作用下 MBR 膜 TMP 及膜污染阻力分析

### 3.2.1 微电场作用下 MBR 膜 TMP 分析

TMP 是反映膜污染的重要指标,TMP 越高,膜污染越严重。为了研究在 MFC 微电场条件下的膜污染行为,本研究在恒定流量为 100mL/min 下,对有外加电场(MFC-MBR)和无外加电场(C-MBR)两种耦合系统的 TMP 随运行时间的变化进行了监测。每个系统中 MBR 膜组件的 TMP 在一个运行周期中都经历了两个阶段,即平稳增长阶段和突变增长阶段。图 3-3 显示了有电场和无电场条件下 TMP 的变化。在无电场条件下,TMP 在运行的前期略有增加,然后从第 10 天开始,突然上升,直到 30kPa 左右。在有电场条件下,开始时 TMP 上升平稳而缓慢。14d 后,TMP 快速上升,最终稳定在 30kPa 左右。这一观察结果与张颖等[6]的研究一致。TMP 的上升主要归因于膜表面污染物的附着堵塞了膜孔,从而阻碍了流体的通过。

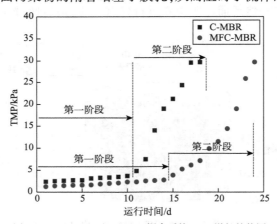

图 3-3    MFC-MBR 和 C-MBR 耦合系统 TMP 增长趋势图

MFC-MBR 和 C-MBR 耦合系统 TMP 增长速率见表 3-1,从表中可以看出,MFC-MBR 耦合系统膜污染的两个阶段运行时间分别是 C-MBR 耦合系统的 1.4 倍和 1.25 倍;TMP 增长速率分别降低了 31.25% 和 20%,研究表明外加电场对 MFC-MBR 耦合系统两个阶段均具有减缓膜污染作用。

**MFC-MBR 和 C-MBR 耦合系统 TMP 增长速率**　　　　　　　　表 3-1

| 系统 | 第一阶段 | | 第二阶段 | |
|---|---|---|---|---|
| | 时间/d | TMP 增长速率/(kPa/d) | 时间/d | TMP 增长速率/(kPa/d) |
| MFC-MBR | 14 | 0.11 | 10 | 0.24 |
| C-MBR | 10 | 0.16 | 8 | 0.3 |

## 3.2.2　微电场作用下 MBR 膜污染阻力分析

当 MFC-MBR 和 C-MBR 耦合系统 TMP 达到 30kPa 时,对膜污染阻力进行分析。

膜污染阻力表征办法:根据达西定律有

$$J = \frac{TMP}{\mu R_t}$$

$$R_t = R_m + R_c + R_f$$

式中:$R_t$——膜污过滤总阻力,$m^{-1}$;

　　$R_m$——膜自身阻力,$m^{-1}$;

　　$R_c$——可逆污染阻力(或泥饼层阻力),$m^{-1}$;

　　$R_f$——膜孔堵塞阻力与不可逆污染阻力(即膜孔污染阻力),$m^{-1}$;

　　TMP——跨膜压力差,kPa;

　　$\mu$——出水黏度,Pa·s;

　　$J$——膜通量,$L·(m^2·h)^{-1}$。

对 MFC-MBR 和 C-MBR 两种耦合系统中污染后的膜进行膜污染阻力对比分析,结果如表 3-2 所示,MFC-MBR 耦合系统膜污过滤总阻力 $R_t$ 为 $35.22 \times 10^{11} m^{-1}$,泥饼层阻力 $R_c$ 为 $28.92 \times 10^{11} m^{-1}$;C-MBR 耦合系统 $R_t$ 为 $38.13 \times 10^{11} m^{-1}$,$R_c$ 为 $32.59 \times 10^{11} m^{-1}$;两系统 $R_c/R_t$ 分别为 82.11% 和 85.47%,说明在两系统中 $R_t$ 大部分以 $R_c$ 为主。且 MFC-MBR 耦合系统的 $R_c$ 相对较小,说明膜表面附着物质较少,相对于无电场来说,污染较轻。$R_c$ 平均增长率体现了膜表面物质附着的快慢程度,MFC-MBR 耦合系统 $R_c$ 的平均增长速率比 C-MBR 耦合系统降低了 61.0%,实验结果表明在 MFC-MBR 耦合系统中附加微电场对膜表面污染起到显著抑制作用。

**膜污染阻力对比分析**　　　　　　　　　　　　　　　表 3-2

| 表征参数 | MFC-MBR | C-MBR |
|---|---|---|
| $R_t/(10^{11} m^{-1})$ | 35.22 | 38.13 |
| $R_m/(10^{11} m^{-1})$ | 2.76 | 2.22 |
| $R_f/(10^{11} m^{-1})$ | 3.54 | 3.32 |
| $R_c/(10^{11} m^{-1})$ | 28.92 | 32.59 |
| $R_t$平均增长率$/(10^{11} m^{-1}·d^{-1})$ | 1.12 | 4.22 |
| $R_f$平均增长率$/(10^{11} m^{-1}·d^{-1})$ | 0.07 | 0.13 |
| $R_c$平均增长率$/(10^{11} m^{-1}·d^{-1})$ | 1.33 | 3.41 |

MFC-MBR 耦合系统的膜孔污染阻力 $R_f$ 为 $3.54 \times 10^{11} m^{-1}$,C-MBR 耦合系统的 $R_f$ 为 $3.32 \times 10^{11} m^{-1}$,二者相差 $0.22 \times 10^{11} m^{-1}$,膜孔堵塞主要是由于溶解性污染物和胶体污染物体积微小,透过膜的污染物质较多,致使这些污染物在膜内部吸附沉积,而 MFC-MBR 耦合系统中膜

过滤周期比 C-MBR 耦合系统长,因此 MFC-MBR 耦合系统中 $R_f$ 高于 C-MBR 耦合系统。在 MFC-MBR 耦合系统中 $R_f$ 的平均增长速率相比于 C-MBR 耦合系统降低了 46.15%,实验结果表明微电场对耦合系统膜孔堵塞的形成速度具有显著的抑制作用。

为进一步研究微电场作用下 MFC-MBR 耦合系统中膜污染减缓的原因,对膜表面泥饼层的污染物质进行提取分析,确定其组成成分,并对其在微电场下的迁移转化规律进行了探究。

## 3.3　微电场作用下膜表面泥饼层特性及其迁移转化规律

### 3.3.1　微电场作用下膜表面泥饼层特性

对膜污染过程及膜表面污染物构成进行综合分析,发现泥饼中主要成分为 SMP 及 EPS。实验数据表明,MFC-MBR 耦合系统能够有效地减缓污染物质的附着速度,并且在特定的条件下降低了膜污染物主要成分 SMP 及 EPS 中的蛋白质和多糖含量。表 3-3 对两系统中的 SMP 及 EPS 蛋白质和多糖的含量进行分析和对比,结果表明:在 MFC-MBR 耦合系统的 SMP 中的蛋白质($SMP_P$)浓度与 C-MBR 耦合系统的 SMP 中的蛋白质浓度相比出现了下降,含量由原来的 13.16mg/g MLSS 降低为 3.29mg/g MLSS,多糖物质($SMP_C$)由原来的 $(20.5 \pm 2.15)$ mg/g MLSS 下降至 $(13.45 \pm 2.01)$ mg/g MLSS 左右,可以看出 MFC-MBR 可以有效地减少蛋白质和多糖物质的含量。其中,蛋白质含量的降幅较大,而多糖物质含量的降幅相对较小,这主要是因为在附加电场的同时提高了微生物的活性,SMP 中的多糖物质能够有效地为污泥中的微生物提供生命必需的碳源,保证微生物能够正常生存,从而加快能量转换。

泥饼层特性分析　　　　　　　　　　　　　　　　　　　表 3-3

| 项目 | C-MBR | | MFC-MBR | |
|---|---|---|---|---|
| | 蛋白质 | 多糖 | 蛋白质 | 多糖 |
| SMP/(mg/g MLSS) | 13.16 | 20.5 | 3.29 | 13.45 |
| LB-EPS/(mg/g MLSS) | 107.39 | 35.03 | 0 | 30.88 |
| TB-EPS/(mg/g MLSS) | 105.45 | 35.03 | 35.62 | 30.88 |

从表 3-3 中还可知,LB-EPS 和 TB-EPS 中的蛋白质和多糖物质含量也存在不同程度的下降。类比 SMP,LB-EPS 蛋白质(LB-$EPS_P$)浓度由 C-MBR 耦合系统中的 107.39mg/g MLSS 降低为 $(0 \pm 5.56)$ mg/g MLSS,TB-EPS 蛋白质(TB-$EPS_P$)浓度由 C-MBR 耦合系统中的 105.45mg/g MLSS 降低为 $(35.62 \pm 5.37)$ mg/g MLSS,降幅约为 100% 和 66.22%。LB-EPS 多糖物质(LB-$EPS_C$)和 TB-EPS 多糖物质(TB-$EPS_C$)浓度由 C-MBR 耦合系统中的 $(35.03 \pm 4.45)$ mg/g MLSS 降低为 $(30.88 \pm 4.35)$ mg/g MLSS,降幅为 11.85%。由此可见,MFC-MBR 耦合系统在附加电场

作用下,EPS 中蛋白质同样会被抑制,多糖基本保持不变,说明附加电场通过影响微生物代谢活性从而影响其 EPS 的释放或消化过程,造成系统内的 EPS 含量降低。

为了进一步了解并确认 MBR 表面污染物的附着和分布状况,对实际膜表面进行了观测。从图 3-4 可以看出,反应装置运行一段时间后,会有大量的污染物附着在膜表面。通过对比不同电场条件下污染物在膜表面的附着情况可以看出,有电场条件下[图 3-4b)]膜表面附着的污染物明显比无电场条件下[图 3-4c)]少。这可能是因为带负电荷的物质在电场的作用下会远离膜表面做相对运动,从而减缓膜污染。为了阐明电场对膜污染减缓的作用机理,需要对 SMP 与 EPS 在电场中的分布和迁移情况进行深入研究。

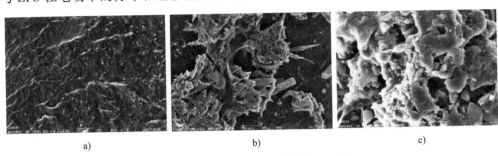

a)　　　　　　　　　b)　　　　　　　　　c)

图 3-4　不同电场条件下的膜表面 SEM 图

a)清洁膜表面 SEM 图;b)附加电场膜表面 SEM 图;c)无电场膜表面 SEM 图

## 3.3.2　微电场作用下膜表面污染物质的迁移转化规律

### 3.3.2.1　电场范围内膜污染物质识别

在电场条件下,由于带电物质会远离膜表面做相对运动,因而会附着在器壁上,本研究从器壁上刮取少量物质,进行红外光谱分析,确定污染物质的主要成分。

从图 3-5 所示的傅里叶红外光谱图可以看出,波数 $3000 \sim 3600\mathrm{cm}^{-1}$ 的宽峰为羟基 O — H 键的伸展峰;$2357.36\mathrm{cm}^{-1}$ 处为膜材料;$1644.48\mathrm{cm}^{-1}$ 和 $1443.76\mathrm{cm}^{-1}$ 处的吸收峰为酰胺类(蛋白质酰胺Ⅰ带)化合物的 C = O 伸缩振动;$1531.37\mathrm{cm}^{-1}$ 处的吸收峰由酰胺Ⅱ带化合物的 N — H 弯曲振动形成,代表蛋白质的典型二级结构;$1116.68\mathrm{cm}^{-1}$ 处的吸收峰为乙醇、醚和碳水化合物中的 C — O 伸缩振动;在 $1057.78\mathrm{cm}^{-1}$ 处有吸收峰代表有多糖物质或多聚糖类物质的存在;$600 \sim 900\mathrm{cm}^{-1}$ 处代表腐殖质。在红外光谱图中,纵坐标表示透光率,峰值越低表示透光率越小、吸光度越大,则该峰所对应的物质含量越高。

### 3.3.2.2　微电场对 SMP 和 EPS 浓度分布的影响

从 MFC-MBR 和 C-MBR 中提取 SMP、LB-EPS 和 TB-EPS 进行定量分析。通过对 EPS 在活性污泥混合液中等间距浓度和组成的变化分析,确定 EPS 在电场中的迁移和分布情况。本试验是在周期开始时期和运行过程中电压稳定时期这两种情况下进行取样测定的。在耦合系统装置阴极液中等距(1cm)取样,为了排除曝气可能对阴极液造成的扰动,从而对 EPS 的分布造成影响,本研究在无曝气条件下进行。

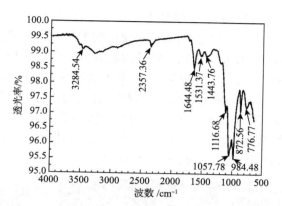

图 3-5　傅里叶红外光谱图

图 3-6 为无曝气条件下 SMP 与 EPS 多糖浓度分布图,SMP 和 EPS 作为高分子的微生物产物,对膜污染有很大的贡献。从图 3-6 可看出,多糖浓度大小为 TB-EPS > LB-EPS > SMP,在无电场条件下,SMP 与 EPS 多糖浓度随距离增大并无显著变化,呈均匀分布状态,SMP 与 EPS 多糖浓度分别保持在(0.071 + 0.03)mg/L、(1.8926 + 0.46)mg/L。与周期开始时期(空白)相比,SMP,LB-EPS 和 TB-EPS 多糖浓度分别增加了 67.8%,54.5% 以及 2%;在有电场条件下,SMP,LB-EPS 和 TB-EPS 多糖浓度分别增加了 29.3%,49.2%(最大值)以及 1%,相比于无电场条件,增加幅度有所降低。由此可见,电场的存在会显著抑制 SMP 和 LB-EPS 中多糖的产生。与此同时,在电场存在的条件下,SMP 与 LB-EPS 多糖浓度随距离增大而逐渐增大,这可能是由于荷电 SMP 与 LB-EPS 沿电场方向发生远离膜表面的定向迁移,从而降低了膜组件周围 SMP 与 LB-EPS 溶液的浓度。从图 3-6b)中可以看出,TB-EPS 中多糖浓度受电场影响较小,这主要是因为 TB-EPS 与细胞黏附紧密,难以在微电场的作用下移动,对电场的敏感性较低。

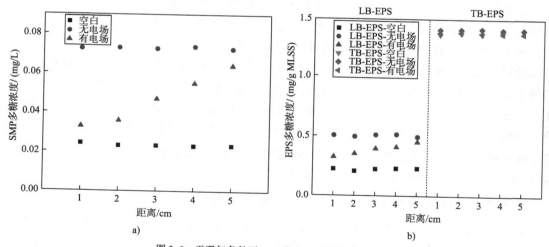

图 3-6　无曝气条件下 SMP 与 EPS 多糖浓度分布图

a)SMP 多糖浓度分布图;b)EPS 多糖浓度分布图

注:1,2,3,4,5 指从阴极电极到器壁由近及远均分为 5 部分,每部分间距 1cm。空白是周期开始时期换水所测得的污泥混合液中 SMP 与 EPS 多糖浓度,其余各组均在电压稳定时测得(后续所有数据取样时间和取样位置均与本图数据相同)。

　　表3-4为无曝气条件下SMP与EPS蛋白质浓度分布。驯化周期结束后,本试验中好氧污泥已经成熟,程祯等[7]的研究表明好氧污泥颗粒成熟后即产生少量的芳香类蛋白质,通过对蛋白质的检测,发现与多糖相比,蛋白质含量相对较低。在无电场条件下,空白与电压稳定时的蛋白质浓度并无显著变化,含量在0.59mg/g MLSS左右;在有电场条件下,TB-EPS中蛋白质含量有所增加,而SMP和LB-EPS中未检测到蛋白质,这可能是因为电场作用加速了SMP和LB-EPS中蛋白质的分解。

无曝气条件下 SMP 与 EPS 蛋白质浓度分布　　　　　　　　表3-4

| 距离/cm | 空白 | | | 有电场 | | | 无电场 | | |
| | SMP/(mg/L) | EPS/(mg/g MLSS) | | SMP/(mg/L) | EPS/(mg/g MLSS) | | SMP/(mg/L) | EPS/(mg/g MLSS) | |
| | | LB-EPS | TB-EPS | | LB-EPS | TB-EPS | | LB-EPS | TB-EPS |
|---|---|---|---|---|---|---|---|---|---|
| 1 | 0.06022 | 0.05117 | 0.02591 | 0 | 0 | 0.03805 | 0.05972 | 0.05167 | 0.02639 |
| 2 | 0.05981 | 0.05115 | 0.02618 | 0 | 0 | 0.03806 | 0.05954 | 0.05161 | 0.02742 |
| 3 | 0.06013 | 0.05118 | 0.02594 | 0 | 0 | 0.03855 | 0.06023 | 0.05167 | 0.02691 |
| 4 | 0.05992 | 0.05115 | 0.02642 | 0 | 0 | 0.03852 | 0.05992 | 0.05164 | 0.02788 |
| 5 | 0.06054 | 0.05118 | 0.02591 | 0 | 0 | 0.03853 | 0.06036 | 0.05218 | 0.02739 |

　　综合以上数据可以看出,溶液中多糖和蛋白质的含量均会受到电场的影响,并且多糖的含量高于蛋白质的含量,多糖的浓度比蛋白质浓度高92.8%,此结果与张莉[8]的研究结果一致。在微电场作用下,SMP和LB-EPS会发生远离膜表面的定向移动,而TB-EPS因为与细胞黏附紧密,难以在微电场的作用下移动,对电场的敏感性较低。

## ●本章参考文献

[1] HOU B,LIU X,ZHANG R,et al. Investigation and evaluation of membrane fouling in a microbial fuel cell-membrane bioreactor systems(MFC-MBR)[J]. Science of the total environment,2022,814:152569.

[2] AREFI-OSKOUI S,KHATAEE A,SAFARPOUR M,et al. A review on the applications of ultrasonic technology in membrane bioreactors[J]. Ultrasonics sonochemistry,2019,58:104633.

[3] AL-ASHEH S,BAGHERI M,AIDAN A. Membrane bioreactor for wastewater treatment:A review[J]. Case studies in chemical and environmental engineering,2021,4(1):100109.

[4] 李慧. MFC-MBR耦合系统污水处理效能及膜污染控制研究[D].哈尔滨:哈尔滨工业大学,2016.

[5] HAWARI A H,DU F,BAUNE M,et al. A fouling suppression system in submerged membrane

bioreactors using dielectrophoretic forces[J]. Journal of environmental sciences,2015,29(3):139-145.

[6] 张颖,顾平,邓晓钦. 膜生物反应器在污水处理中的应用进展[J]. 中国给水排水,2002(4):90-92.

[7] 程祯,刘永军,刘喆,等. 好氧污泥强化造粒过程中 EPS 的分布及变化规律[J]. 环境工程学报,2015,9(5):2033-2040.

[8] 张莉. 苯酚对膜生物反应体系中微生物代谢及膜污染的影响[D]. 苏州:苏州大学,2011.

# 第4章
# 曝气和微电场共同作用对MFC-MBR 耦合系统膜污染的影响

## 4.1 概述

  将 MBR 与 MFC 耦合,MFC 产生的微电场对 MBR 膜污染有一定的缓解作用。除此之外,MBR 工艺设计和运行中涉及的大部分参数都可能干扰膜污染过程,其中一些参数对 MBR 膜污染有直接影响。

  在好氧 MBR 中,曝气能够为微生物提供氧气,同时曝气产生剪切力能够对膜污染有一定的控制作用。然而,如果曝气效果不理想,泥饼层不能被有效去除或减小,膜污染就得不到有效控制;但如果曝气强度过高可能会破坏絮体,增加能耗。由此可见,曝气能够对膜表面的生物质产生剪切力,减少污染物的沉积,从而使得膜污染减缓[1]。但曝气产生的剪切力也可能使大的污泥颗粒破碎,由此产生更多的小污泥颗粒,使得膜污染的组分增加。此外,高曝气强度也可能会影响微电场作用下带电粒子的定向运动,削弱电场对膜污染的缓解作用。

  因此,曝气作为影响膜污染的重要因素,不仅直接对膜污染产生影响,还可能会对微电场的作用产生干扰,进而影响微电场对膜污染的缓解作用。然而目前对 MFC-MBR 耦合系统中曝气与微电场之间的关系以及两者之间的相互作用对膜污染的影响研究有限,还需要进一步探索。

  本章借助膜过滤阻力模型,探究曝气和微电场之间的相互作用对膜污染产生的影响,总结 MFC-MBR 耦合系统中膜污染影响因素之间的相互影响规律,为膜污染控制提供新思路,同时,对 MFC-MBR 耦合系统的实际应用起到理论支撑作用。

# 4.2 曝气强度对 COD 去除和膜污染的影响

### 4.2.1 曝气强度对 COD 去除性能的影响

图 4-1 所示为不同曝气强度下,MFC-MBR 耦合系统和 C-MBR 对照系统的出水 COD 浓度和 COD 去除率的对比。从图中可以看出,相同曝气强度下,MFC-MBR 耦合系统的出水 COD 浓度均比 C-MBR 对照系统低,因此微电场对 COD 的去除表现出积极作用。在 C-MBR 对照系统中,COD 的去除率随曝气强度的增加而升高,但在 MFC-MBR 耦合系统中,COD 的去除率随着曝气强度的增加先升高后降低。这一结果表明,在 MFC-MBR 耦合系统中,曝气强度的大小会对 COD 去除率产生影响。因此,为了后续膜污染研究处于一个最佳运行状态,选择合适的曝气强度极其重要。曝气强度为 0.5L/min,1.5L/min,2.5L/min 时,MFC-MBR 耦合系统的 COD 去除率分别为 91.79%,96.46% 和 95.29%,与 C-MBR 对照系统相比提高了 2.33%,5.8% 和 2.5%。在曝气强度为 1.5L/min 的条件下,COD 去除率最高,且去除率的提升效果最好,MFC-MBR 耦合系统能够更高效地去除有机物。

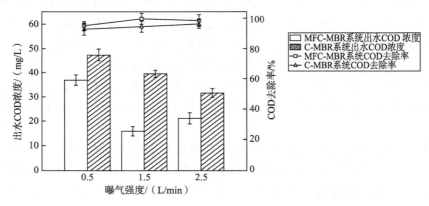

图 4-1　MFC-MBR 耦合系统和 C-MBR 对照系统出水 COD 浓度
和 COD 去除率随曝气强度的变化图

### 4.2.2 不同曝气条件下的膜污染速率分析

MFC-MBR 耦合系统和 C-MBR 对照系统在不同曝气条件下运行 24h 后,膜污染速率的对比如图 4-2 所示。从图中可以看出,MFC-MBR 耦合系统的膜污染速率明显低于 C-MBR 对照系统,微电场对膜污染起到缓解作用。当曝气强度为 0.5L/min 和 1.5L/min 时,MFC-MBR 耦合系统的膜污染率分别比 C-MBR 对照系统低 34% 和 35%,表明微电场对膜污染的缓解效果明显。但当曝气强度进一步提高到 2.5L/min 时,MFC-MBR 耦合系统只比 C-MBR 对照系统的膜污染速率低 8%,膜污染缓解效果削弱。这可能是由于在较高的曝气强度下,混合湍流强度的增加影响了带负电荷的微粒在微电场作用下的迁移,从而使得微电场对膜污染的缓解作用被减弱。

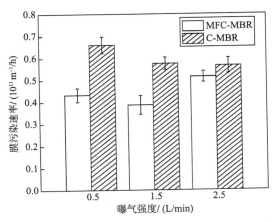

图 4-2　MFC-MBR 耦合系统和 C-MBR 对照系统膜污染速率随曝气强度的变化图

## 4.2.3　不同曝气条件下膜过滤阻力分析

MBR 膜污染主要由膜孔堵塞和泥饼层的形成而引起。膜组件出水中含有一定量的无机盐和有机物,当它们通过膜孔时,会被吸附在膜孔中,这些污染物质长时间吸附在膜孔中会引起膜过滤阻力[2]。在 MBR 反应器中,膜组件与污泥混合液是直接接触的,可溶性物质、胶体等与膜表面长时间接触会形成膜表面吸附污染。在吸附作用下,污泥絮体之间相互挤压,使絮体之间的水分子排出,从而形成致密的泥饼层。泥饼层积累到一定程度可能会造成膜过滤阻力的升高,严重时甚至可能造成膜通量的下降和 TMP 的剧增,从而对 MBR 工艺的运行产生影响。

为了更好地理解曝气与微电场之间的相互作用对膜污染的缓解效果,在不同曝气强度下,对各部分的膜过滤阻力进行了分析。如图 4-3a)所示,在 MFC-MBR 耦合系统中泥饼层阻力($R_c$)分别占总阻力($R_t$)的 52.4%,47.9% 和 51.3%,膜孔堵塞阻力($R_f$)分别占 $R_t$ 的 3.1%,7.7% 和 9.9%。如图 4-3b)所示,在 C-MBR 对照系统中 $R_c$ 分别占 $R_t$ 的 60.8%,56% 和 52.6%,$R_f$ 分别占 $R_t$ 的 3.5%,6.1% 和 12.9%。结果表明泥饼层阻力比膜孔堵塞阻力对膜污染的影响大。这可能是由于膜孔堵塞阻力主要是小分子物质在出水的吸入压力下通过膜孔形成的,而泥饼层阻力是由于膜组件与污泥混合物在反应器中直接接触,污染物在膜表面的吸附很容易发生且很快。因此,泥饼层阻力对总阻力的贡献较大,其他研究者也得到了类似的研究结果。

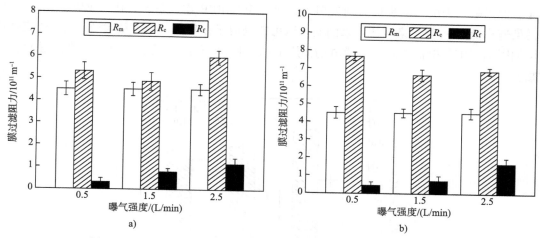

图 4-3　不同曝气强度下 MFC-MBR 耦合系统和 C-MBR 对照系统膜过滤阻力图
a)MFC-MBR 耦合系统膜过滤阻力图;b)C-MBR 对照系统膜过滤阻力图

MFC-MBR 耦合系统中 $R_c$ 分别为 $5.32 \times 10^{11} \mathrm{m}^{-1}$($0.5\mathrm{L/min}$),$4.86 \times 10^{11} \mathrm{m}^{-1}$($1.5\mathrm{L/min}$) 和 $5.97 \times 10^{11} \mathrm{m}^{-1}$($2.5\mathrm{L/min}$),C-MBR 对照系统中 $R_c$ 分别为 $7.67 \times 10^{11} \mathrm{m}^{-1}$($0.5\mathrm{L/min}$),$6.64 \times 10^{11} \mathrm{m}^{-1}$($1.5\mathrm{L/min}$) 和 $6.87 \times 10^{11} \mathrm{m}^{-1}$($2.5\mathrm{L/min}$)。MFC-MBR 耦合系统中的泥饼层阻力明显比 C-MBR 对照系统低,这说明微电场的作用能够有效缓解泥饼层膜污染。在曝气强度为 $0.5\mathrm{L/min}$ 和 $1.5\mathrm{L/min}$ 的条件下,MFC-MBR 耦合系统的 $R_c$ 比 C-MBR 对照系统分别低 30.6% 和 26.8%。随着曝气强度的增加,剪切力强度增大,泥饼层的沉积速率减小,MFC-MBR 耦合系统中泥饼层膜污染得到缓解。但当曝气强度进一步提高到 $2.5\mathrm{L/min}$ 时,MFC-MBR 耦合系统的 $R_c$ 仅比 C-MBR 对照系统低 13.1%。泥饼层阻力的减缓速率降低,这表明微电场的作用能在一定程度上缓解泥饼层膜污染,但这种缓解效果由于受到高曝气强度的干扰而减弱。

MFC-MBR 耦合系统中 $R_f$ 分别为 $0.32 \times 10^{11} \mathrm{m}^{-1}$($0.5\mathrm{L/min}$),$0.78 \times 10^{11} \mathrm{m}^{-1}$($1.5\mathrm{L/min}$) 和 $1.15 \times 10^{11} \mathrm{m}^{-1}$($2.5\mathrm{L/min}$),C-MBR 对照系统中 $R_f$ 分别为 $0.44 \times 10^{11} \mathrm{m}^{-1}$($0.5\mathrm{L/min}$),$0.72 \times 10^{11} \mathrm{m}^{-1}$($1.5\mathrm{L/min}$) 和 $1.68 \times 10^{11} \mathrm{m}^{-1}$($2.5\mathrm{L/min}$)。在曝气强度相同的情况下,MFC-MBR 耦合系统和 C-MBR 对照系统的 $R_f$ 近似,这表明曝气对膜孔堵塞的影响大于微电场的作用。两个系统中 $R_f$ 均随曝气强度的增大而增大,这可能是较强的曝气剪切力导致污泥絮体破碎成小絮体,这些小絮体更加容易进入膜孔内部,从而使膜通量下降[3]。

综上所述,在 MFC-MBR 耦合系统中,随着曝气强度从 $0.5\mathrm{L/min}$ 增加到 $2.5\mathrm{L/min}$,$R_c$ 呈现先减小后增大的趋势,这表明曝气强度较低时,微电场与曝气的协同作用促进了泥饼层污染的缓解。但在较高的曝气强度($2.5\mathrm{L/min}$)下,曝气引起的湍流可能会影响微电场对泥饼层膜污染的缓解,导致泥饼层污染缓解效果削弱。两个系统中 $R_f$ 均随着曝气强度的升高而增加,这可能是因为曝气强度在升高的同时,剪切力也随之增强,絮体不断被破碎成小粒径的颗粒进入膜孔内部,从而引起膜过滤阻力增加。此外,鉴于泥饼层对总阻力的贡献较大,且曝气比微电场更容易对膜过滤阻力产生影响,MFC-MBR 耦合系统的膜污染缓解可能主要归因于泥饼层膜污染的缓解。

## 4.2.4 不同曝气条件下膜表面 EPS 分析

图 4-4 为膜表面 EPS 浓度随曝气强度的变化规律图。在 C-MBR 对照系统中,膜表面 EPS 浓度随曝气强度的增加而减小。这可能是由于,曝气强度的增加促使微生物迅速生长繁殖,而微生物活性的提升在一定程度上增大了 EPS 的代谢速率,EPS 的减少有利于膜污染的减缓。此外,曝气引起的剪切力作用由于曝气强度的增加而增强,污染物便不易沉积在膜表面,从而减缓了膜污染。因此,曝气强度的增加有利于 C-MBR 对照系统中膜表面污染物质的减少。但在 MFC-MBR 耦合系统中,膜表面 EPS 浓度并没有随着曝气强度的增加持续减小。曝气强度为 1.5L/min 和 2.5L/min 时,MFC-MBR 耦合系统中膜表面 EPS 浓度相差较小,这表明 MFC-MBR 耦合系统中的膜污染物质并不会随着曝气强度的增加不断减少。曝气强度分别为 0.5L/min,1.5L/min 和 2.5L/min 时,MFC-MBR 耦合系统中的膜表面 EPS 浓度分别比 C-MBR 对照系统低 14.9%,25.8% 和 9.4%。微电场的施加使得膜表面 EPS 浓度降低,这可能是由于在微电场的作用下,微生物对底物的降解性能得到提升,底物不断被降解的过程中营养物质趋于减少。由于反应器中微生物所需营养物质逐渐处于匮乏状态,EPS 能够充当有机碳源的角色被微生物在繁殖降解过程中利用。在曝气强度为 1.5L/min 的工况条件下,MFC-MBR 耦合系统膜表面 EPS 浓度降幅最大,最有利于耦合系统的运行。

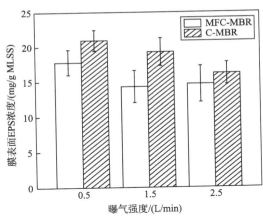

图 4-4　不同曝气强度下 MFC-MBR 耦合系统与 C-MBR 对照系统的
膜表面 EPS 浓度变化图

## 4.3 曝气和微电场共同作用下 MFC-MBR 耦合系统的膜污染特性

通过对不同曝气强度下两个系统的 COD 去除效果和膜污染状况的研究发现,在曝气强度为 1.5L/min 的条件下,COD 去除效果良好,膜污染也得到有效缓解。因此,本节在最佳曝气强度下,开展两个系统的长期运行膜污染特性研究。

### 4.3.1 最佳曝气强度下 TMP 变化分析

MFC-MBR 耦合系统和 C-MBR 对照系统运行过程中 TMP 随时间变化曲线如图 4-5 所示。从图中可以看出,MFC-MBR 耦合系统 TMP 达到 25kPa 所需时间明显比 C-MBR 对照系统延长,且 MFC-MBR 耦合系统 TMP 的增长速率为 0.47kPa/d,比 C-MBR 对照系统(0.65kPa/d)低 27.7%,结果表明,MFC-MBR 膜污染速率减缓。两个系统中 TMP 的变化均经历了三个阶段,包括初始阶段、稳定阶段和跳跃阶段。C-MBR 对照系统的 TMP 在第 37 天达到 25kPa,稳定期和跳跃期分别从第 14 天和第 25 天开始。MFC-MBR 耦合系统的 TMP 在第 53 天达到 25kPa,稳定期和跳跃期分别从第 20 天和第 36 天开始。从以上分析可以看出,长期运行条件下,微电场的作用延长了 MFC-MBR 耦合系统的运行时间。这可能是由于带负电荷的污染物在微电场作用下从膜表面脱落,从而减缓了泥饼层的形成。此外,有研究表明微电场可以有效减少污泥絮体表面的负电荷,从而使其具有更好的脱水性能[4]。脱水能力越高的污泥膜污染电位越低,因此微电场的作用有助于 MFC-MBR 膜污染的缓解。曝气条件下两个系统中污泥性质的变化仍需进一步探索。

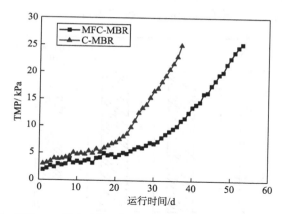

图 4-5　MFC-MBR 耦合系统和 C-MBR 对照系统 TMP 随运行时间变化图

### 4.3.2 膜表面污染形貌分析

本节利用 SEM 对 MFC-MBR 耦合系统和 C-MBR 对照系统膜表面污染层进行观察分析,SEM 图像如图 4-6 所示。与原始膜[图 4-6a)]相比,从 MFC-MBR 耦合系统和 C-MBR 对照系统中取出的膜丝上均明显观察到了污染物的沉积,但 MFC-MBR 耦合系统[图 4-6b)]膜表面覆盖的污染物明显比 C-MBR 对照系统[图 4-6c)]少。进一步放大后可以看出,MFC-MBR 耦合系统膜表面的污染物质结构相对较疏松[图 4-6d)],而 C-MBR 对照系统膜表面的污染物质结构相对致密[图 4-6e)]。结果表明,微电场的施加使得 MFC-MBR 耦合系统中膜表面附着的污染物减少,而且污染物在膜表面的附着更松散。有研究表明致密的污染层会导致膜的过滤阻力增大,膜的渗透性迅速下降,膜污染更加严重。因此,MFC-MBR 耦合系统中微电场的作用有利于膜污染的缓解。

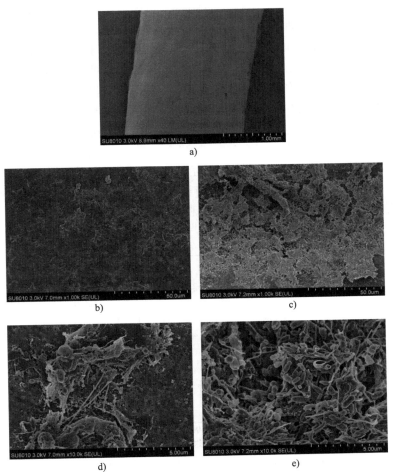

图 4-6 膜表面 SEM 形貌图

a)原始膜;b)50μm 下 MFC-MBR 耦合系统膜表面污染层 SEM 形貌图;c)50μm 下 C-MBR 对照系统膜表面污染层 SEM 形貌图;d)5μm 下 MFC-MBR 耦合系统膜表面污染层 SEM 形貌图;e)5μm 下 C-MBR 对照系统膜表面污染层 SEM 形貌图

### 4.3.3 膜表面有机污染物官能团分析

FTIR 技术可以对有机物官能团进行识别,MFC-MBR 耦合系统和 C-MBR 对照系统中污染物的 FTIR 图如图 4-7 所示,从图中可以看出两个系统中膜表面污染物质具有许多相同的官能团种类。在 2340cm$^{-1}$附近显示的吸收峰是由蛋白质类物质的 N≡N 键伸缩振动导致的。在 1640cm$^{-1}$处的吸收峰是由酰胺 I 中的 C=O 键伸缩振动导致的,该吸收峰是氨基酸的一级结构峰。在 1540cm$^{-1}$范围内的吸收峰主要是由酰胺基的 N—H 键弯曲振动导致的,该吸收峰是蛋白质的二级结构峰。MFC-MBR 耦合系统和 C-MBR 对照系统的膜表面物质在 2340cm$^{-1}$,

1640cm⁻¹和1540cm⁻¹附近均具有明显的吸收峰,说明两个系统膜表面污染物中都含有蛋白质类物质,但MFC-MBR耦合系统中的蛋白质类吸收峰均没有C-MBR对照系统中观察到的明显。两个系统中膜表面污染物质在1000～1150cm⁻¹范围内具有较强的吸收峰,该吸收峰主要是由碳水化合物的C—O键伸缩振动导致的,说明两个系统膜表面污染物质中均存在多糖物质。在C-MBR对照系统中,890cm⁻¹处出现一个吸收峰,是β-构型多糖的特征峰,MFC-MBR耦合系统中未观察该吸收峰的存在。这表明微电场的存在使得β-构型多糖物质远离膜表面。两个系统在3287cm⁻¹处均具有较宽的吸收峰,该处的吸收峰主要是由羟基官能团中的O—H键伸缩振动而导致的,2920cm⁻¹附近的吸收峰主要是由脂肪族中C—H、C—H₂和C—H₃键的伸缩振动导致的,这意味着两个系统的膜表面污染层中均存在羟基和脂肪链。但MFC-MBR耦合系统中的吸收峰没有C-MBR对照系统明显,这表明微电场的作用不利于羟基官能团和脂肪链在膜组件上的沉积。综上所述,MFC-MBR耦合系统膜组件上几乎没有β-构型多糖物质,部分蛋白质和多糖物质减少,含有羟基、脂肪链的物质也相应减少。这一结果表明微电场的作用使得膜组件上污染物质的沉积减少,从而缓解了MFC-MBR耦合系统的膜污染。

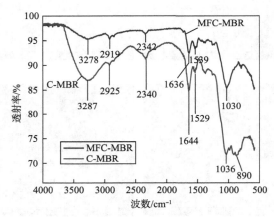

图4-7　MFC-MBR耦合系统和C-MBR对照系统中污染物的FTIR对比图

## 4.3.4　膜表面污染物元素分析

为了进一步确定两个系统中黏附在膜表面的污染物元素组成,使用EDX技术对其进行了检测分析,结果如图4-8所示。从图4-8b)中可以看出,C-MBR对照系统的膜组件上检测到了C,N,O,F,Si,Zn,Mg,Al,Ca和Pd等元素,而在MFC-MBR耦合系统中[图4-8a)]未检测到Zn,Mg,Al和Ca元素。这可能是由于微电场的作用使得部分无机元素不易黏附在膜表面,污染物元素的减少有利于MFC-MBR中膜污染的缓解。这一结果与SEM图像中显示的污染物减少一致。图中Au元素的尖峰是测试过程中镀金引起的,与膜表面的污染物质无关。F元素的尖峰的出现可能是膜组件材质中含有聚偏氟乙烯造成的,膜组件中含有大量F元素。

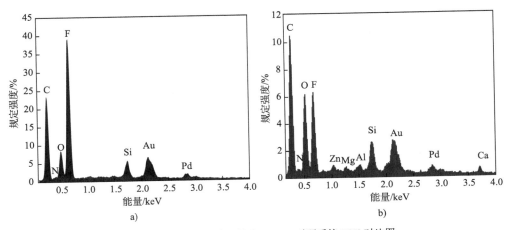

图 4-8 MFC-MBR 耦合系统和 C-MBR 对照系统 EDX 对比图

a) MFC-MBR 耦合系统 EDX 图;b) C-MBR 对照系统 EDX 图

## 4.3.5 污泥混合液中 SMP 特性研究

研究发现,MBR 膜污染的发生与污泥混合液中的溶解性有机物密不可分,SMP 作为溶解性有机物中的重要组成成分也必然会对膜污染产生影响[5]。因此,为了进一步解析微电场对膜污染的缓解机理,我们在 MFC-MBR 耦合系统和 C-MBR 对照系统运行过程中,每隔 4d 取样对 SMP 浓度进行了检测,结果如图 4-9 所示。

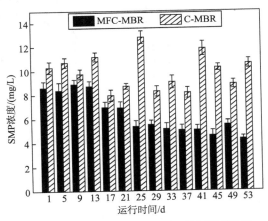

图 4-9 两个系统 SMP 浓度随运行时间变化对比图

从图 4-9 中可以看出,C-MBR 对照系统中 SMP 浓度在 9.88mg/L 附近波动,呈现周期性的增加和减少,这一变化趋势可能是微生物不断地新陈代谢和内源衰亡引起的。而在 MFC-MBR 耦合系统中,SMP 浓度呈现下降趋势,从 8.61mg/L 逐渐下降到 4.28mg/L。MFC-MBR 耦合系统中 SMP 浓度的降低,可能是由于部分带负电荷的基团在阴极附近受到静电斥力作用,从而产生远离膜组件向质子交换膜方向运动的趋势。而在质子交换膜附近,负电荷被从质子交换膜通过的质子中和,然后作为大分子沉淀析出液相。Hou 等[6]的研究发现了类似的结果,SMP

含量的减少一方面是由于铁离子和带负电荷的粒子中和从而形成絮体;另一方面是由于微电场的施加提高了微生物的活性,促进了有机物的降解。Deb 等[7]发现 Actinobacteria(放线菌门)可以降解复杂的聚合污染物,从而产生生物活性分子,有利于有机物的降解。此外,Firmi-cutes(厚壁菌门)也能产生多种酶,促进有机物的降解。Hou 等对两个系统中微生物群落的研究除发现了厚壁菌门的存在外,还检测到 Actinobacteria 和 Proteobacteria(变形菌门),微电场的作用能够刺激这些微生物快速生长,这些微生物对有机物的降解过程产生促进作用,从而有利于膜组件附近的 SMP 含量的降低[8]。有研究者发现,SMP 的大量存在会引发严重的不可逆膜污染,因此 MFC-MBR 耦合系统中 SMP 浓度的降低可能会对膜污染有一定的缓解作用。

## 4.3.6 污泥混合液中 EPS 特性研究

EPS 作为生物膜的主要组成成分,由动态双层结构构成,TB-EPS 附着在内层,LB-EPS 扩散在外层。在 MFC-MBR 耦合系统和 C-MBR 对照系统运行过程中,定期提取膜组件附近污泥混合液中的 LB-EPS 和 TB-EPS 进行浓度检测,结果如图 4-10 所示。

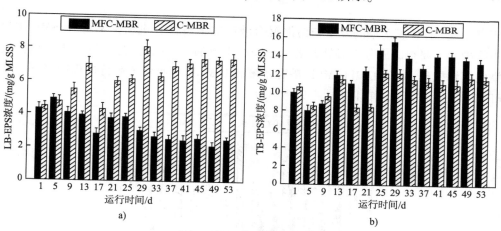

图 4-10　两个系统 LB-EPS 和 TB-EPS 浓度随运行时间变化的对比图
a)LB-EPS 浓度随运行时间变化图;b)TB-EPS 浓度随运行时间变化图

由图 4-10a)可以发现,C-MBR 对照系统膜组件附近的 LB-EPS 浓度在 6.31mg/g MLSS 附近波动,而 MFC-MBR 耦合系统膜组件附近的 LB-EPS 的浓度呈现与 SMP 相似的走向,从 4.29mg/g MLSS 下降到 2.48mg/g MLSS。与 SMP 相似,LB-EPS 中带负电荷的基团在静电斥力作用下迁移到质子交换膜附近,进而与质子中和形成大分子沉淀析出液相。此外,微电场的作用提高了膜组件周围有机物和营养物质的降解效率,使微生物逐渐进入缺乏底物的状态。由于 EPS 在营养缺乏的情况下会被微生物作为有机碳源和能量源,而且 LB-EPS 松散地附着在污泥絮体的外层,容易迁移到污泥混合液中并被微生物利用,从而使得 LB-EPS 浓度降低。因此,MFC-MBR 耦合系统膜组件附近 LB-EPS 的减少可能有利于膜污染的缓解。

从表 4-1 中可以看出,MFC-MBR 耦合系统中 LB-EPS 的蛋白质和多糖含量随着反应器的运行均呈现下降趋势,蛋白质含量从 2.946mg/g MLSS 下降到 1.812mg/g MLSS,多糖含量从 1.339mg/g MLSS 下降到 0.668mg/g MLSS,蛋白质和多糖含量分别降低了 38.5% 和 50.1%。有研究者认为多糖与生物凝胶层的黏附会导致膜污染加重,因此,LB-EPS 中多糖含量的大幅度降低在很大程度上有助于缓解 MFC-MBR 耦合系统的膜污染。此外,由于多糖比蛋白质更容易被细菌降解,MFC-MBR 耦合系统中 LB-EPS 的蛋白质与多糖含量的比值(PN/PS)比 C-MBR 对照系统高,PN/PS 的升高也有利于膜污染的缓解。

LB-EPS 中蛋白质和多糖含量　　　　　　　　　表 4-1

| 时间/d | MFC-MBR | | | C-MBR | | |
|---|---|---|---|---|---|---|
| | 蛋白质/<br>(mg/g MLSS) | 多糖/<br>(mg/g MLSS) | PN/PS | 蛋白质/<br>(mg/g MLSS) | 多糖/<br>(mg/g MLSS) | PN/PS |
| 1 | 2.946 | 1.339 | 2.201 | 3.151 | 1.276 | 2.469 |
| 5 | 3.408 | 1.473 | 2.313 | 3.308 | 1.408 | 2.351 |
| 9 | 2.965 | 1.126 | 2.696 | 3.729 | 1.739 | 2.145 |
| 13 | 2.684 | 1.239 | 2.166 | 4.432 | 2.568 | 1.726 |
| 17 | 1.903 | 0.911 | 2.091 | 3.027 | 1.241 | 2.438 |
| 21 | 2.784 | 0.973 | 2.861 | 4.393 | 1.588 | 2.767 |
| 25 | 2.846 | 0.976 | 2.916 | 4.514 | 1.608 | 2.808 |
| 29 | 2.122 | 0.908 | 2.338 | 4.995 | 3.065 | 1.629 |
| 33 | 1.841 | 0.825 | 2.232 | 4.213 | 2.071 | 2.035 |
| 37 | 1.881 | 0.628 | 2.994 | 4.632 | 2.266 | 2.044 |
| 41 | 1.776 | 0.662 | 2.683 | 4.768 | 2.316 | 2.059 |
| 45 | 1.718 | 0.834 | 2.059 | 4.428 | 2.918 | 1.517 |
| 49 | 1.482 | 0.618 | 2.396 | 4.653 | 2.628 | 1.770 |
| 53 | 1.812 | 0.668 | 2.712 | 4.683 | 2.676 | 1.749 |

从图 4-10b)可以看出,在 MFC-MBR 耦合系统和 C-MBR 对照系统中,TB-EPS 的浓度变化和 SMP 与 LB-EPS 的浓度变化呈现出完全不同的趋势。MFC-MBR 耦合系统的平均 TB-EPS 浓度为(12.43 ± 2.27)mg/g MLSS,比 C-MBR 对照系统[(10.66 ± 1.38)mg/g MLSS]高 14.2%。Pankiewicz 等研究发现,微电场的作用可以增强膜组件附近微生物的细胞渗透性,从而促进有机物向细胞外环境的释放,TB-EPS 也可能随之被释放出来。

从表 4-2 中可以看出,MFC-MBR 耦合系统中 TB-EPS 的蛋白质和多糖含量均略有增加,MFC-MBR 耦合系统中 TB-EPS 的平均 PN/PS 为 4.09,与 C-MBR 对照系统中的平均 PN/PS (4.15)相近,由此可见,微电场对 TB-EPS 的 PN/PS 影响不大。Ramesh 等认为膜污染的速率与 TB-EPS 的浓度没有直接关系。然而,TB-EPS 对污泥絮体具有黏结作用,TB-EPS 的增加有利于污泥絮凝性的提升。长时间曝气作用下,污泥絮体的结构会变得松散,逐渐被破碎为小絮体,造成严重的膜孔堵塞。但微电场作用下,TB-EPS 含量的增加在一定程度上能够保护污泥絮体不被破碎为小絮体,从而有利于 MFC-MBR 耦合系统膜污染的缓解。

TB-EPS 中蛋白质和多糖含量                                           表4-2

| 时间/d | MFC-MBR | | | C-MBR | | |
|---|---|---|---|---|---|---|
| | 蛋白质/<br>(mg/g MLSS) | 多糖/<br>(mg/g MLSS) | PN/PS | 蛋白质/<br>(mg/g MLSS) | 多糖/<br>(mg/g MLSS) | PN/PS |
| 1 | 8.267 | 1.673 | 4.941 | 8.648 | 1.905 | 4.540 |
| 5 | 6.399 | 1.573 | 4.068 | 6.993 | 1.492 | 4.688 |
| 9 | 6.962 | 1.739 | 4.003 | 7.462 | 2.068 | 3.609 |
| 13 | 9.911 | 2.034 | 4.874 | 9.069 | 2.402 | 3.776 |
| 17 | 8.776 | 2.231 | 3.934 | 6.119 | 2.236 | 2.736 |
| 21 | 10.335 | 2.071 | 4.991 | 6.681 | 1.739 | 3.842 |
| 25 | 12.099 | 2.565 | 4.717 | 10.12 | 2.071 | 4.886 |
| 29 | 12.571 | 3.007 | 4.181 | 9.772 | 2.436 | 4.011 |
| 33 | 11.116 | 2.734 | 4.066 | 9.491 | 2.040 | 4.652 |
| 37 | 10.163 | 2.618 | 3.882 | 9.316 | 1.975 | 4.717 |
| 41 | 11.468 | 2.576 | 4.452 | 9.063 | 1.979 | 4.580 |
| 45 | 10.651 | 3.423 | 3.112 | 8.683 | 2.266 | 3.832 |
| 49 | 10.183 | 3.512 | 2.899 | 9.183 | 2.544 | 3.610 |
| 53 | 10.156 | 3.183 | 3.191 | 9.493 | 2.063 | 4.601 |

## 4.3.7　污泥混合液中的 Zeta 电位分析

SMP 和 EPS 的研究表明,带负电荷的基团在微电场作用下可能会发生迁移,进而对膜污染过程产生影响。因此,我们对 MFC-MBR 耦合系统和 C-MBR 对照系统运行过程中膜组件附近的 Zeta 电位进行了分析。如图 4-11 所示,MFC-MBR 耦合系统中膜组件附近的 Zeta 电位值绝对值从 21.41mV 下降到 16.9mV,C-MBR 对照系统的 Zeta 电位值在 -24.27mV 附近波动,且 MFC-MBR 耦合系统的 Zeta 电位值绝对值在运行过程中比 C-MBR 对照系统低,表明微电场的施加使得 Zeta 电位值绝对值降低。这可能是由于膜组件嵌套在阴极外面,带负电荷的污泥颗粒在静电斥力的作用下远离膜组件向质子交换膜方向运动,部分带负电荷的基团与通过质子交换膜进入阴极的质子中和,导致 Zeta 电位值绝对值降低[6]。Zeta 电位值绝对值的降低使得污泥絮体之间的排斥力作用减弱,有利于提升污泥颗粒之间的絮凝性。因此,我们对两个系统中污泥混合液的污泥粒径进行了检测。

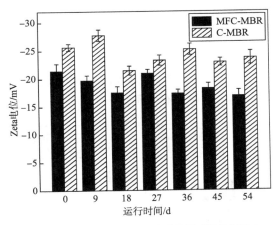

图 4-11　两个系统 Zeta 电位随运行时间变化图

## 4.3.8　污泥混合液中的粒径分析

污泥絮体粒径作为污泥混合液的重要评价指标,其尺寸大小的变化可能会对膜污染产生一定的影响。之前的研究发现,粒径较小($<5\,\mu m$)的污泥絮体更容易附着在膜表面[9],而微电场的存在是否会影响污泥絮体粒径的大小,进而影响膜污染过程还需进一步探究。综上所述,我们对两个系统运行过程中粒径小于 $1\,\mu m$ 的絮体进行检测。

如图 4-12a)所示,MFC-MBR 耦合系统的污泥絮体平均粒径减小速率变缓,而且平均粒径明显比C-MBR对照系统中大。这可能是由于 MFC-MBR 耦合系统中膜组件附近的污泥混合液 Zeta 电位值绝对值降低,污泥颗粒之间的排斥力下降,从而增强了污泥的絮凝性。此外,TB-EPS 含量的增多也有利于污泥的絮凝,使得 MFC-MBR 耦合系统污泥絮体粒径增大。有研究表明,小粒径的污泥颗粒与膜孔表面具有较高的比相互作用能,使其黏附能力增强从而很难从膜孔中脱离出来,导致膜污染的恶化。因此,微电场作用下污泥絮凝性的提升,有利于 MFC-MBR 耦合系统膜污染的缓解。

运行结束后,对 MFC-MBR 耦合系统和 C-MBR 对照系统中污泥絮体粒径分布进行了检测。如图 4-12b)所示,MFC-MBR 耦合系统的污泥絮体粒径尺寸主要集中在 $45 \sim 300\,\mu m$ 范围内(82%),而 C-MBR 对照系统的污泥絮体粒径尺寸主要集中在 $16 \sim 200\,\mu m$ 范围内(78%)。这一研究结果进一步证明,在微电场作用下污泥絮凝性得到提升。Meng 等的研究发现,粒径尺寸较大的污泥颗粒在曝气条件下不易黏附在膜表面,粒径小于 $50\,\mu m$ 的污泥颗粒相对容易在膜表面黏附,而随着污泥颗粒在膜表面不断地黏附,膜的渗透性逐渐下降,进而造成严重的膜污染。因此,对粒径尺寸小于 $50\,\mu m$ 的污泥颗粒进行了具体分析:MFC-MBR 耦合系统中粒径小于 $50\,\mu m$ 的污泥颗粒占总体污泥颗粒的 15.86%,其中 4.5% 的粒径尺寸分布在 $0 \sim 15\,\mu m$ 之间,11.36% 的粒径尺寸分布在 $15 \sim 50\,\mu m$ 的范围内。而 C-MBR 对照系统中粒径小于 $50\,\mu m$ 的污泥颗粒占总体污泥颗粒的 44.34%,其中 13.2% 的粒径尺寸分布在 $0 \sim 15\,\mu m$ 的范围内,31.14% 的粒径尺寸分布在 $15 \sim 50\,\mu m$ 的范围内。C-MBR 对照系统中粒径小于 $50\,\mu m$ 的污泥颗粒所占的比例为 MFC-MBR 耦合系统的 2.8 倍,其中粒径尺寸在 $0 \sim 15\,\mu m$ 范围内的污泥颗粒所占的比例是 MFC-MBR 耦合系统的 2.9 倍,在 $15 \sim 50 \mu m$ 范围内的污泥颗粒所占的比例是 MFC-MBR 耦合系统的 2.74 倍。结果表明,MFC-MBR 耦合系统中的微小污泥颗粒数量比 C-MBR对照系统少。Bai 等的研究发现,在污泥絮体粒径小于 $50 \mu m$ 的条件下,膜过滤阻力明显升高。由此分析可以看出,微电场的作用使得 MFC-MBR 耦合系统内对膜通量起主要作用的微小粒子的比例下降,因此膜污染得到有效延缓。

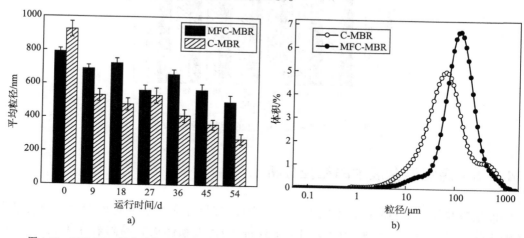

图 4-12　MFC-MBR 耦合系统和 C-MBR 对照系统污泥絮体平均粒径随运行时间变化和粒径分布对比图
a)平均粒径随运行时间变化对比图;b)粒径分布对比图

两个系统经过长期运行发现,MFC-MBR 耦合系统的 TMP 达到 25kPa 所需运行时间延长,SEM 观察到的图像中污染物质的沉积明显变少,且污染层结构更疏松,表明 MFC-MBR 耦合系统的膜污染得到有效缓解。反应器内污泥混合液性质和膜组件表面的变化均会对膜污染产生影响,通过对污泥混合液性质和膜丝表面污染物进行检测分析总结了膜污染的缓解机理:膜组件附近膜污染物质的减少有利于 MFC-MBR 耦合系统膜污染的缓解。膜污染物质的减少,一方面是由于 SMP 和 LB-EPS 中带负电荷的基团在静电斥力作用下逐渐远离膜组件,在质子交换膜附近与质子发生电中和反应,然后以大分子的形式沉淀析出液相;另一方面是由于微电场的施加刺激了微生物的活性,从而促进了 MFC-MBR 中 SMP 和 LB-EPS 的降解。此外,LB-EPS 中多糖的大幅度减少使得 PN/PS 显著增加,也是 MFC-MBR 耦合系统膜污染得到缓解的原因之一。MFC-MBR 耦合系统膜表面污染物中多糖和蛋白质的红外吸收峰强度明显减弱,证明微电场的作用有利于多糖和蛋白质含量的减少,从而有利于膜污染的缓解。微电场的作用在一定程度上能够增强微生物细胞的通透性,从而诱导更多的 TB-EPS 释放到细胞外环境中。膜污染率与 TB-EPS 中碳水化合物和蛋白质的浓度没有直接关系。但较高的 TB-EPS 浓度有利于污泥絮凝性的提升,从而使得膜的过滤性能提高,这也有利于 MFC-MBR 耦合系统膜污染的缓解。同时,膜组件附近带负电荷基团的减少导致 Zeta 电位值绝对值降低,从而造成污泥颗粒之间的排斥力相应地减小。污泥颗粒之间排斥力的减小促进了污泥颗粒的凝聚,因此,MFC-MBR 耦合系统污泥絮体的平均粒径增大。与此同时,混合液中小粒径的污泥颗粒所占比例减少,对膜表面的黏附能力降低,从而使得 MFC-MBR 耦合系统膜污染延缓。

●本章参考文献

[1] DE TEMMERMAN L D,MAERE T,TEMMINK H,et al. The effect of fine bubble aeration intensity on membrane bioreactor sludge characteristics and fouling[J]. Water research,2015,76(1):99-109.

[2] ZHENGA Y,ZHANGA W,TANGA B,et al. Membrane fouling mechanism of biofilm-membrane bioreactor(BF-MBR):Pore blocking model and membrane cleaning[J]. Bioresource technology,2018,250(9):398-405.

[3] ETEMADI H,FONOUNI M,YEGANI R. Investigation of antifouling properties of polypropylene/TiO$_2$ nanocomposite membrane under different aeration rate in membrane bioreactor system[J]. Biotechnology reports,2020,25:e00414.

[4] LI H,XING Y,CAO T L,et al. Evaluation of the fouling potential of sludge in a membrane bioreactor integrated with microbial fuel cell[J]. Chemosphere,2020,262:128405.

[5] LIANG S,LIU C,SONG L. Soluble microbial products in membrane bioreactor operation:Behaviors,characteristics,and fouling potential[J]. Water research,2007,41(1):95-101.

[6] HOU B L,KUANG Y,HAN H J,et al. Enhanced performance and hindered membrane fouling for the treatment of coal chemical industry wastewater using a novel membrane electro-bioreactor with intermittent direct current[J]. Bioresource technology,2019,271:332-339.

[7] DEB A,GURUNG K,RUMKY J,et al. Dynamics of microbial community and their effects on membrane fouling in an anoxic-oxic gravity-driven membrane bioreactor under varying solid retention time:A pilot-scale study[J]. Science of the total environment,2022,807:150878.

[8] HOU B,ZHANG R,LIU X,et al. Study of membrane fouling mechanism during the phenol degradation in microbial fuel cell and membrane bioreactor coupling system[J]. Bioresource technology,2021,338(23):125504.

[9] LIN H,LIAO B Q,CHEN J,et al. New insights into membrane fouling in a submerged anaerobic membrane bioreactor based on characterization of cake sludge and bulk sludge[J]. Bioresource technology,2011,102(3):2373-2379.

# 第5章
# MFC-MBR耦合系统中苯酚降解和微生物特性与膜污染间的关系

## 5.1 概述

目前,难降解的毒性苯酚废水仍然是一个环境难题,其中含有大量的难降解有机物和较高的COD负荷。MFC-MBR耦合系统作为一种新型的污水处理技术,可以有效地处理苯酚废水,既维持了厌氧和好氧技术相结合降解污染物的高效性,又保证了出水达标排放,并且MFC产生的电能还可以有效地缓解MBR膜污染。先前的研究表明,在MFC-MBR耦合系统中,微电场可以改变污泥性质,使带负电的粒子远离膜组件,从而减缓膜污染。然而,大多数研究仅表明微电场可以减轻膜污染,却未解释膜污染不能被完全消除的原因。在微电场作用下,有些物质可以做远离膜组件表面的定向运动,但有些物质却不受电场力影响,会黏附在膜组件表面,影响膜的过滤性能,造成膜污染,这些物质包括EPS、SMP、一些降解产物和微生物[1]。过去有许多关于SMP和EPS与膜污染关系的报道,但降解产物和微生物与膜污染间的关系仍不清楚。因此,需要从苯酚降解产物和微生物的角度去研究膜污染的机理,并探索微电场不能完全消除膜污染的原因。

本章主要考察了MFC-MBR耦合系统在处理苯酚废水过程中的运行效果以及MFC-MBR耦合系统在降解苯酚废水过程中的膜污染问题,具体研究内容如下:

(1)MFC-MBR耦合系统处理苯酚废水的运行效果:分别研究开路(MFC断路,无电能输出)和闭路(MFC闭合,有电能输出)情况下MFC-MBR耦合系统对COD、氨氮和苯酚的去除效果,分析微电场的存在对污染物去除率的影响。

(2)MFC-MBR耦合系统在降解苯酚废水过程中的膜污染问题:观察有无外加电场情况下TMP的增长情况和膜组件上污染物的形态特征;分析MFC-MBR耦合系统阴极室溶液内和MBR膜组件上苯酚降解产物的种类差异,解析苯酚在MFC-MBR耦合系统中的降解途径以及微电场作用下这些降解产物的迁移分布机理;研究MFC-MBR耦合系统阴极室和MBR膜组件上微生物的物种多样性、物种丰度和优势菌种的差异,分析微电场作用下微生物与膜污染之间的关系,探讨哪些微生物容易引起膜污染。

## 5.2 MFC-MBR 耦合系统的降解性能

### 5.2.1 MFC-MBR 耦合系统对 COD 的去除率

如图 5-1a) 所示,无论有无微电场的存在,COD 在 MFC-MBR 耦合系统中的浓度均随着时间的增长呈下降趋势。从图 5-1b) 中可以观察到,在阳极室中,闭路情况下 COD 的去除率比开路情况高 16.8%;同样,整个耦合系统在闭路情况下对 COD 的去除率也比开路情况高 12.2%。结果表明,与以正常厌氧和好氧代谢为主的开路控制相比,微电场的存在可以增强活性污泥对 COD 的去除能力,得到更好的污染物去除效果。这可能是由于耦合系统的阳极室厌氧菌与产电菌共存,产电菌代谢有机物产生电子,消耗部分 COD,并且微电场的存在也会刺激阳极室内厌氧菌的活性,使其更好地参与 COD 的降解;污水先经过阳极厌氧反应后,进入阴极曝气池中,发生好氧生物反应。Alshawabkeh 等也通过研究发现闭路条件确实可以增强微生物的活性,提高好氧污泥对 COD 的降解效果,因此在电场存在的条件下,整个耦合系统对 COD 的去除率高于开路控制。

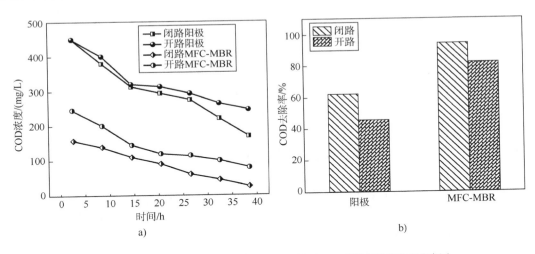

图 5-1 开路和闭路情况下 MFC-MBR 耦合系统对 COD 的降解趋势和去除率图
a) COD 降解趋势图;b) COD 去除率图

### 5.2.2 MFC-MBR 耦合系统对氨氮的去除率

图 5-2a) 为开路和闭路两种情况下 MFC-MBR 耦合系统阳极室出水中氨氮的浓度和总体出水中氨氮的浓度变化趋势,图 5-2b) 是开路和闭路两种情况下阳极室和整体对氨

氮的去除率。经过 36h 的反应后,在阳极室内,开路情况下氨氮的去除率为 12.4%,闭路情况下氨氮的去除率为 13.76%;在整体的出水中,无电场时氨氮的去除率为 45.73%,微电场存在时氨氮的去除率提高了 10.17%。通过对比发现 MFC-MBR 耦合系统阳极室对氨氮的去除效果一般,且受电场影响较小,主要是因为耦合系统的阳极室为厌氧环境,氨氮在厌氧环境中较难发生硝化反应,因此在阳极室的去除率较低;此外,氨氮的消耗主要与厌氧菌的自身代谢相关,所以受电场影响不明显。而整体的出水中氨氮的去除率比阳极出水大幅度提高,并且微电场的存在提高了氨氮在整个系统中的去除率,这主要是由于反应器的阴极室为好氧环境,曝气为硝化反应提供了条件;另外微电场的存在会使好氧污泥中硝化细菌的物种多样性和物种丰度有所增加,从而提高耦合系统对氨氮的降解率。

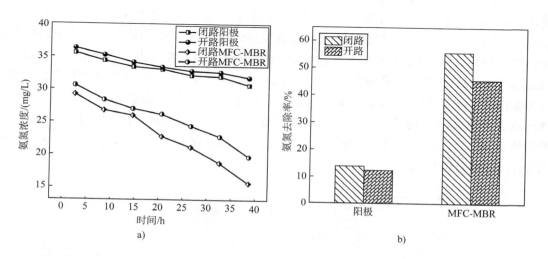

图 5-2　开路和闭路情况下 MFC-MBR 耦合系统对氨氮的降解趋势和去除率图
a)氨氮降解趋势图;b)氨氮去除率图

### 5.2.3　MFC-MBR 耦合系统对苯酚的去除率

苯酚在 MFC-MBR 耦合系统反应器的阳极室和阴极室内分别经过 36h 反应后几乎完全降解,因此在 HRT 为 36h 的情况下,分别对 2 个反应器内的废水取样,测试苯酚的浓度。测试结果如图 5-3 所示,经过 36h 的反应后,在阳极室内,开路情况下苯酚的去除率可以达到 35.8%,而闭路情况比开路情况高 8%。在整体的出水中,微电场存在时,在 30h 取到的样品中苯酚的去除率就接近 100%,而此时开路情况下苯酚的去除率仅为 88.3%。该研究结果表明,与开路控制相比,微电场的存在可以提高苯酚的去除效果。在 MFC-MBR 耦合系统中苯酚的降解途径与功能微生物群落有很大的关系,微电场可以对微生物产生一种刺激,为微生物呼吸过程提供能量并促进污染物降解,从而增强苯酚的降解。

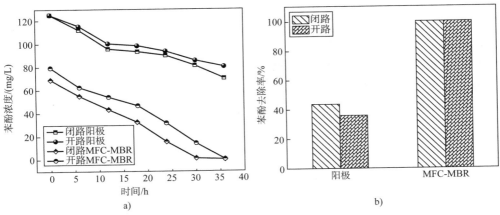

图 5-3 开路和闭路情况下 MFC-MBR 耦合系统对苯酚的降解趋势和去除率图
a)苯酚降解趋势图;b)苯酚去除率图

## 5.3 MFC-MBR 耦合系统降解苯酚过程中膜污染分析

### 5.3.1 MFC-MBR 耦合系统中 TMP 的变化

TMP 是反映膜污染的重要指标,TMP 值越高,表明膜污染越严重。如图 5-4 所示,无论是开路情况还是闭路情况,MFC-MBR 耦合系统 TMP 的变化都经历了两个阶段,即刚开始的平稳上升阶段和后期的突然上升阶段。TMP 的增长主要是由于污染物黏附在膜上,堵塞了膜组件上的孔隙,阻碍了流体的通过。通常将 30kPa 定义为膜污染堵塞值,当 TMP 达到 30kPa 时,膜组件的过滤性能较差。图 5-4 清晰地显示 TMP 在开路情况下运行 48d 后达到 30kPa,而在闭路情况下,TMP 达到 30kPa 的时间比开路情况下延长了 8d,这说明微电场的存在减缓了膜污染,可能是由于一些带负电荷的污染物在微电场的作用下发生了迁移,由阴极向阳极做定向运动,从而远离膜组件表面。但在闭路情况下,TMP 仍随时间增加呈上升趋势,这说明微电场的作用并不能完全消除膜污染。

### 5.3.2 MFC-MBR 耦合系统膜组件表面形貌变化

为了进一步观察 MFC-MBR 耦合系统膜组件表面的污染情况,当 TMP 达到 30kPa 时,将污染的膜组件从反应器中取出,用 SEM 对膜组件上的污染物进行检测。从图 5-5 可以看出,当 MFC-MBR 耦合系统的 TMP 达到 30kPa 时,膜组件的膜丝表面吸附了一些污染物质,并且闭路情况下膜组件表面污染物的附着量与开路情况下膜组件表面污染物的附着量相比明显减少。开路情况下膜组件表面的污染物紧致密集,并且堆叠较明显,这可能是阴极室中的降解产物和微生物及其分泌物与活性污泥中的大分子物质相结合导致的,污染物在膜组件上的吸附会增大膜过滤阻力,导致膜通量下降,从而引起膜污染。闭路情况下膜组件上的污染物质较分散地散落在膜表面,没有出现很厚实的堆积层,这表明微电场的存在使一些微生物以及降解产物远离了膜组件,进一步减缓了膜污染。然而微电场存在时,仍然还可以观察到一些物质附着在膜组件表面,这进一步说明了微电场的存在可以减缓但不能完全消除膜污染。要想知道哪些物质不受电场力影响,会长期黏附在膜组件上,还需要对膜组件上的降解产物和微生物进行探究。

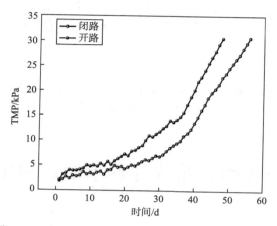

图 5-4　开路和闭路情况下 MFC-MBR 耦合系统 TMP 的变化图

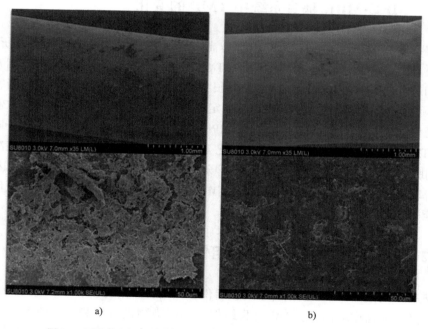

图 5-5　开路情况和闭路情况下 MFC-MBR 耦合系统膜组件的 SEM 图谱
a)开路情况 SEM 图;b)闭路情况 SEM 图

## 5.4 MFC-MBR 耦合系统中苯酚降解产物对膜污染的影响

在 MFC-MBR 耦合系统的阳极室和阴极室各经历了 36h 反应后,反应器中的苯酚几乎完全降解。此时,对两个反应器的阴极室溶液和膜表面进行取样测试。如图 5-6 所示,根据气相色谱质谱联用仪(GC-MS)的测试结果,将苯酚在 MFC-MBR 耦合系统中的降解产物分为胆固醇酯、乙硫醇、含硅化合物和羧酸四类,并将测试到的所有降解产物及其含量列入表 5-1 中。

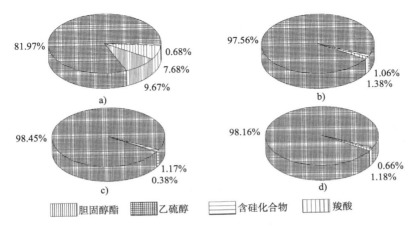

图 5-6　MFC-MBR 耦合系统阴极室和膜组件表面降解产物的对比图
a)开路阴极降解产物图;b)开路 MBR 降解产物图;c)闭路阴极降解产物图;d)闭路 MBR 降解产物图

**MFC-MBR 耦合系统阴极室和膜组件表面苯酚降解产物的种类和含量**　　表 5-1

| 产物分类 | 种类 | 分子式 | 含量/% 开路阴极 | 含量/% 开路MBR | 含量/% 闭路阴极 | 含量/% 闭路MBR |
|---|---|---|---|---|---|---|
| 胆固醇酯 | 胆固醇酯 | $C_{44}H_{78}O_2$ | 9.67 | | | |
| 乙硫醇 | 乙硫醇 | $C_2H_6S$ | 81.97 | 97.56 | 98.45 | 98.16 |
| 含硅化合物 | 二甲基二甲氧基硅烷 | $C_4H_{12}O_2Si$ | 0.27 | 0.35 | 0.36 | 0.26 |
| | 甲基二甲氧基硅烷 | $C_3H_{10}O_2Si$ | 0.11 | | | 0.38 |
| | 四甲氧基硅烷 | $C_4H_{12}O_4Si$ | 0.04 | | | |
| | 金刚烷-2-环氧乙烷-3-基甲基三甲基硅烷 | $C_{14}H_{24}OSi$ | 0.15 | 0.04 | 0.08 | 0.02 |

| 产物<br>分类 | 种类 | 分子式 | 含量/% | | | |
|---|---|---|---|---|---|---|
| | | | 开路<br>阴极 | 开路<br>MBR | 闭路<br>阴极 | 闭路<br>MBR |
| 含硅化合物 | 2-甲基-3,5-二硝基苯甲醇,<br>TBDMS 衍生物 | $C_{14}H_{22}N_2O_5Si$ | 0.02 | | | |
| | 十二甲基环己硅氧烷 | $C_{12}H_{36}O_6Si_6$ | 0.01 | 0.05 | 0.18 | |
| | 四甲基环庚硅氧烷 | $C_{14}H_{42}O_7Si_7$ | 0.08 | | 0.13 | |
| | 三甲基甲硅烷基<br>乙过氧酸酯 | $C_5H_{12}O_3Si$ | | 0.62 | | |
| | 三甲基甲硅烷基过氧酸盐 | $C_4H_{10}O_3Si$ | | | 0.29 | |
| | 十六甲基环辛烷 | $C_{16}H_{48}O_8Si_8$ | | | 0.07 | |
| | 十八甲基环壬硅氧烷 | $C_{18}H_{54}O_9Si_9$ | | | 0.06 | |
| 羧酸 | 十六烷酸 | $C_{16}H_{32}O_2$ | 1.77 | | | |
| | 9,12-十八碳二烯酸 | $C_{18}H_{32}O_2$ | 5.91 | 1.38 | 0.38 | 1.18 |

## 5.4.1 开路和闭路情况下阴极室降解产物的对比分析

如图 5-6 所示,开路情况下,在耦合系统的阴极室中检测到了胆固醇脂、乙硫醇、含硅化合物和羧酸,所占比例分别为 9.67%,81.97%,0.68% 和 7.68%。然而,在闭路情况下的阴极室中却没有检测到胆固醇脂,并且羧酸的含量也明显降低。苯酚降解开始于引起苯氧基自由基反应的电子转移,通过自由基反应可以产生苯醌,其被认为是苯酚降解的关键中间体。随后苯醌通过环裂解形成一些羧酸和醇类物质。其中羧酸包括一部分易降解可以矿化的小分子羧酸,如甲酸、乙酸、丙酸和乳酸等;还有一部分难降解的结构复杂的大分子羧酸,如表 5-1 中检测到的十六烷酸和 9,12-十八碳二烯酸[2]。在苯酚降解过程中,一些羧酸会和醇类发生反应产生胆固醇酯。结果表明,微电场的存在在一定程度上减少了羧酸的含量,并抑制了胆固醇酯的产生。这可能是由于电场的存在使一部分易与醇类发生反应的羧酸含量减少,并且削弱了羧酸和醇类之间的结合力导致的。然而无论有无电场,反应器阴极室检测到的乙硫醇的含量都较高,含硅化合物的含量极低,这说明 MFC-MBR 耦合系统中苯酚的主要降解产物为乙硫醇。这主要是由于苯酚降解的中间产物乙酸被还原生成乙醇,并且给反应器注入的矿物质溶液中含有一定量的硫元素,此时乙醇上的氧原子被硫原子取代,因此产生大量乙硫醇[3]。另外反应器中含有少量含硅化合物,可能是由于用来搭建反应器的环氧树脂固化剂中含有硅元素,而苯醌在发生环裂解的同时也进行环聚合,会生成一些聚合物,如金刚烷-2-环氧乙烷-3-基甲基三甲基硅烷、2-甲基-3,5-二硝基苯甲醇,TBDMS 衍生物和十二甲基环己硅氧烷等,聚合物可能会与固化剂中的含硅物质发生反应产生含硅化合物,这些含硅化合物或许比苯酚更难降解,且反应过程不可逆。苯酚在 MFC-MBR 耦合系统中的降解途径如图 5-7 所示,但本研究中发现的降解产物并不意味着这是苯酚的唯一的生物降解途径,因为苯酚的降解还与反应器中的功能微生物密切相关[4]。

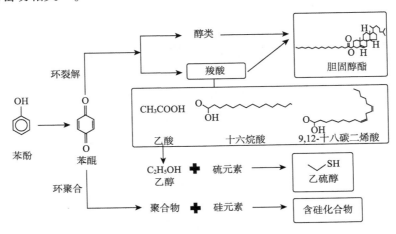

图 5-7  MFC-MBR 耦合系统中苯酚的降解途径

## 5.4.2  开路和闭路情况下 MBR 膜上降解产物的对比分析

在与上述相同的条件下,对两个 MFC-MBR 耦合系统的 MBR 膜组件进行取样。从表 5-1 可以看出,膜组件上的主要物质包括在阴极室中检测到的高含量乙硫醇,以及少量的含硅化合物和羧酸,且闭路情况下膜组件上检测到的物质种类少于开路情况。在开路中检测到的物质比在闭路中多出两种,即三甲基甲硅烷基乙过氧酸酯和十二甲基环己硅氧烷。在开路情况下,阴极溶液中未检测到三甲基甲硅烷基乙过氧酸酯,表明该物质容易从溶液中迁移到膜组件表面,该物质长期积聚在膜组件表面会导致膜污染;但在闭路情况下,阴极室和膜组件上均未检测到该物质,说明微电场的存在可以抑制这种易靠近膜组件物质的产生,进一步缓解膜污染。十二甲基环己硅氧烷在开路情况下的阴极室和膜组件上以及在闭路情况下的阴极室中均检测到,但并未出现在闭路情况下的膜组件上,这表明微电场会使十二甲基环己硅氧烷远离膜组件,从而减少膜组件上物质的堆积。从以上结果可以看出,微电场的存在确实可以减少膜组件上物质的种类,减缓膜污染。但尽管如此,无论有无电场,膜组件上乙硫醇的含量都高达约 98%,这可能是由于 MFC-MBR 耦合系统中添加的营养液矿物质溶液中含有大量的硫元素,在微电场以及多种功能微生物群落的协同作用下,苯酚降解的中间产物乙醇较容易与反应器内的硫元素发生化学反应,导致乙醇上的氧元素被硫元素取代生成了含量较高的乙硫醇,从而导致其大量黏附在膜组件上,这对电场缓解膜污染有消极影响,同时也解释了电场只能缓解但不能完全消除膜污染的原因[3]。

# 5.5 MFC-MBR 耦合系统中微生物对膜污染的影响

## 5.5.1 开路和闭路情况下阴极室微生物的对比分析

### 5.5.1.1 阴极室微生物群落的稀释曲线和 OTU 聚类分析

为了揭示微电场对 MFC-MBR 耦合系统阴极室微生物群落的影响,分别在开路和闭路情况下对阴极溶液中的泥水混合物进行取样分析。从图 5-8a)可以看出,开路和闭路情况下阴极样品的稀释曲线开始都呈上升趋势并逐渐趋于平稳。

操作分类单元(Operational Taxonomic Unit,OTU)是通过对相似度为 97.0% 的 Reads(碱基字符串)进行聚类得到的。如图 5-8b)所示,开路和闭路情况下样品的 OTU 数分别为 400 和 406,其中 382 种是重合的,这表明 2 个样品中的微生物的种类较相似。此外还检测到开路样品中独有的 OTU 数为 18,闭路样品中独有的 OTU 数为 24,微电场的存在增加或者改变了部分微生物的种类。这表明微电场刺激了阴极室微生物的生长繁殖,可能使阴极室中微生物的物种增多或者产生一些嗜电菌和苯酚降解菌,为加速苯酚的降解提供更有利的条件。

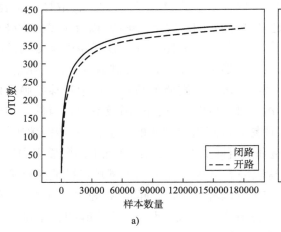
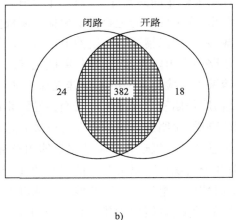

图 5-8 开路和闭路情况下阴极室样品的稀释曲线图和 OTU 分布的韦恩图
a)稀释曲线图;b)OTU 分布的韦恩图

### 5.5.1.2 阴极室微生物的 Alpha 多样性分析

在表 5-2 中,开路和闭路情况下阴极室样品的覆盖指数均为 99.98%,表明测序数据足以捕捉 2 个样品中微生物群落的实际多样性。Alpha 多样性分析反映的是微生物的物种丰度及物种多样性,衡量指标包括 ACE、Chao1、Simpson、Shannon 和 Coverage 指数。其中前 2 个指标可以反映物种的丰度,后2个指标可以反映物种的多样性。与开路阴极室样品中的ACE指数和Chao1指数相比,闭路情况下这2个指数略有下降,表明无电场情况下阴极室的微生物物种丰度高于有电场情况下阴极室的微生物物种丰度。Simpson和Shannon指数表明,有电场阴极室中的微生物多样性比无电场阴极室中的微生物多样性更丰富。结果表明,微电场的存在减少了MFC-MBR耦合系统阴极室微生物的物种丰度,微电场对一些菌有一定的选择作用,因此一些菌在微电场的作用下无法大量存活,整体丰度减少。然而在微电场存在的条件下,微生物的物种多样性却略微增高,这可能是由于微电场的存在会刺激一些嗜电菌生长,因此种类增多。接下来将从不同的物种水平进行分析。

开路和闭路情况下阴极室微生物的 **Alpha** 多样性指数对比　　　　表 5-2

| 指数 | ACE | Chao1 | Simpson | Shannon | Coverage |
|------|------|--------|----------|----------|----------|
| 开路 | 420.8543 | 474.3750 | 0.8698 | 4.4012 | 0.9998 |
| 闭路 | 418.9218 | 433 | 0.9214 | 5.1853 | 0.9998 |

## 5.5.1.3　门水平上开路和闭路情况下阴极室的物种对比分析

从门水平分析,如图5-9所示,在MFC-MBR耦合系统的阴极室内检测到的优势菌种为变形菌门(Proteobacteria)、异常球菌-栖热菌门(Deinococcus-Thermus)、拟杆菌门(Bacteroidetes)和放线菌门(Actinobacteria),在两种情况下这4种菌门的总占比高达80%以上。在开路情况下,物种相对丰度由高到低依次为 Proteobacteria、Deinococcus-Thermus、Bacteroidetes 和 Actinobacteria,其占比分别为45%、25%、10%和9%。与开路情况相比,闭路情况下 Proteobacteria 和 Actinobacteria 的丰度分别增加了9%和2%;Bacteroidetes 的丰度保持不变;Deinococcus-Thermus 的丰度显著减少,仅占12%。

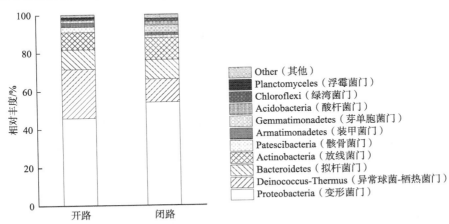

图 5-9　门水平上开路和闭路情况下阴极室的物种相对丰度对比图

Proteobacteria 是一种电化学活性细菌(Electrochemically Active Bacteria,EAB),在细胞外电子转移过程中起着非常重要的作用,对 MFC-MBR 耦合系统的产电性能具有促进作用[5]。丰度对比结果表明,微电场的存在使 Proteobacteria 的丰度增加,使其更好地参与苯酚的降解和MFC-MBR 耦合系统的产电。Actinobacteria 是一种脱氮菌,外形上属于丝状细菌,以降解代谢物和有毒化合物而闻名[6]。有研究报道微电场对丝状细菌的生长有积极影响,与本研究结果一致,因此闭路情况下阴极室中检测到的放线菌丰度高于开路情况下[7]。Bacteroidetes 多为革兰氏阴性菌,在众多水处理工艺中发挥着重要作用,尤其在 MFC 中较常见,其可以对大分子物质进行高效分解,丰度对比结果表明其在 MFC-MBR 耦合系统阴极室内的生长繁殖不受微电场的影响[4]。有关 Deinococcus-Thermus 产电活性和降解方面的相关报道较少,在本研究结果中闭路情况下此菌门的物种丰度较开路情况下显著渐少,我们推测微电场在一定程度上抑制了 Deinococcus-Thermus 的生长繁殖。

### 5.5.1.4 纲水平上开路和闭路情况下阴极室的物种对比分析

如图 5-10 所示,在纲水平上,开路情况下阴极室优势菌种相对丰度的比例由高到低依次为:$\gamma$-变形菌纲(Gammaproteobacteria)39%、异常球菌纲(Deinococci)25%、拟杆菌纲(Bacteroidia)10%、放线菌纲(Actinobacteria)9% 和 $\alpha$-变形菌纲(Alphaproteobacteria)5%。与开路情况相比,在闭路情况下的阴极室样品中发现 Gammaproteobacteria、Actinobacteria 和 Alphaproteobacteria 的丰度均有所增加,分别为 49%、11% 和 6%;Bacteroidia 的丰度保持不变;Deinococci 的丰度从 25% 下降至 12%,这与在门水平上检测到的趋势一致。

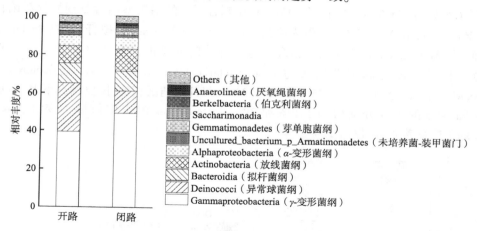

图 5-10　纲水平上开路和闭路情况下阴极室的物种相对丰度对比图

Gammaproteobacteria 与 Alphaproteobacteria 都属于变形菌门,微电场的存在刺激了这两类菌的生长,尤其是 Gammaproteobacteria,此前也有研究表明这种菌在 MFC-MBR 耦合系统的生物阴极室微生物群落中占有较高的丰度,在 MFC-MBR 耦合系统降解苯酚的过程中扮演着重要角色,在微电场存在的条件下,其相对丰度的增加提高了苯酚的降解效率[8]。同样 Alphaproteobacteria 也能产生将电子传递到电极表面的电子介质,从而提高 MFC-MBR 耦合系统的产电效能[9]。与门水平相同,Actinobacteria 的增加也与微电场的刺激密切相关,对苯酚的降解产生积极影响。

### 5.5.1.5 属水平上开路和闭路情况下阴极室的物种对比分析

如图 5-11 所示,从属水平来看,开路情况下阴极室中检测到的优势菌种为 Uncultured_bacterium_f_Burkholderiaceae(未培养菌-伯克氏菌科)、特吕珀菌属(Truepera)、Uncultured_bacterium_ f_Microbacteriaceae（未培养菌-微杆菌科）和孤岛杆菌属（Dokdonella），其相对丰度分别为25%、25%、7.9%、6.4%。在微电场存在的情况下，Uncultured_bacterium_f_Burkholderiaceae的丰度有所增加但不明显；Uncultured_bacterium_f_Microbacteriaceae和Dokdonella的丰度略微下降；而Truepera的丰度显著下降。

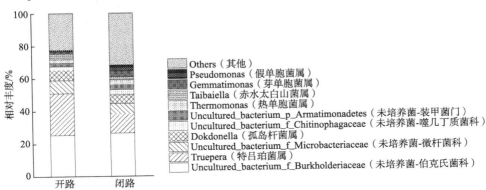

图5-11　属水平上开路和闭路情况下阴极室的物种相对丰度对比图

Uncultured_bacterium_f_Burkholderiaceae是一种革兰氏阴性菌，属于变形菌门；Uncultured_bacterium_f_Microbacteriaceae是一种革兰氏阳性菌；Dokdonella是一种好氧型的革兰氏阴性菌。研究结果表明，这3种优势菌属在微电场作用下的丰度变化并不明显，说明它们可能对外部环境的适应能力都比较强。有报道称Truepera可以利用多种有机质进行生长繁殖，但其适应环境的能力较弱，在微电场作用下只能存活一部分[10]。然而有关这些细菌降解有机物能力和产电能力的研究较少，我们推测这些功能微生物之间复杂的协同作用显著促进了MFC-MBR耦合系统中的苯酚降解和增强了产电性能。目前，在属水平上检测到的相关细菌的报道很少，仅通过16S rRNA基因序列分析不足以说明已鉴定的细菌在MFC-MBR耦合系统中的具体作用，还需要进一步探究。

## 5.5.2　开路和闭路情况下膜组件表面微生物的对比分析

### 5.5.2.1　膜组件表面微生物群落的稀释曲线和OTU聚类分析

为了探究与膜污染相关的微生物群落的动态变化，分别在开路和闭路情况下对MBR膜组件表面的样品进行取样分析。与阴极室相似，从图5-12a）可以看出开路和闭路情况下MBR膜组件表面样品的稀释曲线开始都呈上升趋势并逐渐趋于平稳。由图5-12b）可知，开路和闭路情况下膜组件表面样品的OTU数分别为415和394，其中开路和闭路样品中独有的OTU数分别为25和4，闭路情况下膜组件表面微生物的种类减少，恰巧与阴极室的测试结果相反。微电场的存在增加了阴极室微生物的种类，在反应器内部微生物的种类越多越有助于MFC-MBR耦合系统的运行，对MFC-MBR耦合系统的产电性能和苯酚的降解均产生积极影响；与此同时，MBR膜组件表面的OTU数目减少，这说明一部分微生物在电场的作用下发生了向阴极溶液的迁移，减少了在MBR膜组件表面的堆积和吸附，增强了泥饼层的过滤性能，进一步减缓了膜污染，达到了两全其美的效果。

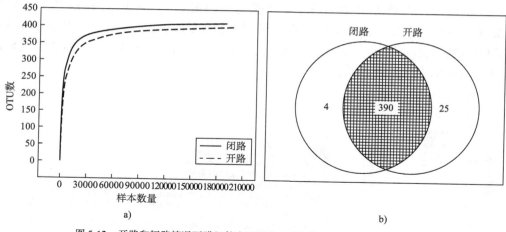

图 5-12　开路和闭路情况下膜组件表面样品的稀释曲线和 OTU 分布的韦恩图

a)稀释曲线；b)OTU 分布的韦恩图

### 5.5.2.2　膜组件表面微生物的 Alpha 多样性分析

如表 5-3 所示,开路和闭路情况下膜组件表面样品的覆盖指数均为 1,表明测序结果可以捕捉样品中微生物群落的实际多样性。与开路情况相比,闭路情况下 ACE 指数和 Chao1 指数略有下降,说明微电场的存在减少了膜组件表面微生物的物种丰度,这与阴极室的测试结果一致。而膜组件表面样品的 Simpson 指数和 Shannon 指数却与阴极室的测试结果相反,闭路情况下这两个指数的数值均小于开路情况下。闭路情况下 MBR 组件表面微生物的物种丰度和物种多样性均低于开路情况下,在微电场的作用下,有些微生物完全远离了膜组件,有些微生物部分远离了膜组件,这表明微电场的存在可以削弱某些微生物与膜组件表面的结合力,使部分微生物发生定向迁移或者脱落,减少在膜组件表面的吸附,从而缓解膜污染,对膜污染的控制有积极作用。然而微电场对哪些微生物物种有控制作用,还需要从不同的物种水平进行具体分析。

开路和闭路情况下膜组件表面微生物的 Alpha 多样性指数对比　　　　　　表 5-3

| 指数 | OTU | ACE | Chao1 | Simpson | Shannon | Coverage |
|---|---|---|---|---|---|---|
| 开路 | 415 | 415.3198 | 415 | 0.9664 | 6.0565 | 1 |
| 闭路 | 394 | 396.0281 | 397 | 0.9525 | 5.5497 | 1 |

### 5.5.2.3　门水平上开路和闭路情况下膜组件表面的物种对比分析

从门水平分析,如图 5-13 所示,膜组件表面样品中检测到的优势菌门为 Proteobacteria、Bacteroidetes 和 Actinobacteria,在开路和闭路情况下总占比均达 80% 以上。与阴极室检测到的优势菌种相比,两种情况下,膜组件表面 Deinococcus-Thermus 的丰度均显著减少,这与阴极溶液中门水平检测到的结果一致,可能是由于微电场的存在抑制了 Deinococcus-Thermus 大量的生长繁殖,从而减少了其在膜组件表面的堆积。Bacteroidetes 作为 MFC 中常见的发酵菌,在微电场的作用下减少了约 5%,然而这种菌在阴极溶液中的丰度几乎不受电场力的影响,可以较好地参与 MFC-MBR 耦合系统中污染物的降解,不受微电场的干扰;同时微电场的存在还减缓了 Bacteroidetes 对膜组件的黏附,从而减缓膜污染,一举两得[4]。Proteobacteria 作为一种革兰氏阴性产电菌,其产生的电子通过反馈效应促进苯酚和微生物代谢物的降解[5];无论是开路还是闭路,膜组件表面 Proteobacteria 的比例都高达58%,这主要是由于其大部分成分是细菌脂多糖,比较容易附着在材料的外部;这说明 Proteobacteria 是一种极易黏附在膜组件表面的微生物,微电场的作用并不会削弱 Proteobacteria 与膜组件表面之间的黏附性能,因此该菌群会大量地吸附在 MBR 膜组件的表面,不受电场力影响。此外,还发现了一个对微电场缓解膜污染有消极影响的现象,闭路情况下膜组件表面的样品中检测到 Actinobacteria 的比例为14.5%,比开路情况高11%左右,这与阴极室检测到的结果一致;Actinobacteria 属于丝状菌,在微电场的刺激下会大量生长繁殖,尽管微电场的刺激使其丰度增多,更好地参与 MFC-MBR 耦合系统的生物脱氮,但同时也较容易黏附在膜组件表面,这也进一步说明了微电场的存在只能减轻膜污染,但不能完全消除膜污染。此外,在膜组件表面样品中检测到的其他菌门还包括髌骨菌门(Patescibacteria)、浮霉菌门(Planctomycetes)、厚壁菌门(Firmicutes)、酸杆菌门(Acidobacteria)、装甲菌门(Armatimonadetes)和硝化螺旋菌门(Nitrospirae),它们在开路和闭路情况下的丰度都相对较小。

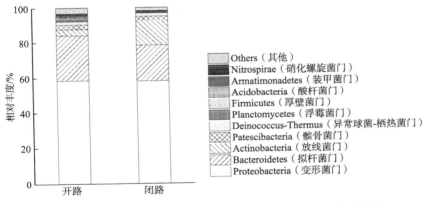

图 5-13　门水平上开路和闭路情况下膜组件表面的物种相对丰度对比图

### 5.5.2.4　纲水平上开路和闭路情况下膜组件表面的物种对比分析

从纲水平上进行分析,如图 5-14 所示,在开路和闭路情况下膜组件表面检测到的优势菌纲为 Gammaproteobacteria、Bacteroidia 和 Alphaproteobacteria,并且这三种菌在微电场作用下丰度变化并不显著,其中 Gammaproteobacteria 和 Alphaproteobacteria 加起来的占比高达57%,这与门水平上检测到的情况一致;它们属于 Proteobacteria,尽管其较高的丰度可以促进 MFC-MBR 耦合系统的产电效果,但细菌脂多糖的成分也会使它们更容易黏附在膜组件表面且不受电场力影响。Bacteroidia 与图 5-10 中阴极室检测到的趋势相同,其丰度不受电场力影响,并且容易靠近膜组件。此外,研究发现膜组件表面 Deinococci 的丰度与图 5-10 阴极溶液中的丰度相比显著减少,Deinococci 属于 Deinococcus-Thermus,此结果进一步验证了在门水平上的推测,这种菌不易对膜组件产生黏附作用。当然,在纲水平上检测到的 Actinobacteria 同样呈现了不减反增的趋势,更深入地解释了电场不能完全消除膜污染的原因。

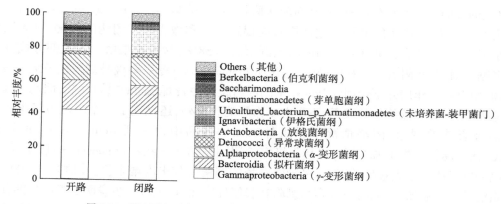

图 5-14　纲水平上开路和闭路情况下膜组件表面的物种相对丰度对比图

### 5.5.2.5　属水平上开路和闭路情况下膜组件表面的物种对比分析

从属水平上进行分析,如图 5-15 所示,可以清楚地观察到 Uncultured_bacterium_o_OPB56(未培养菌-OPB56),Azospirillum(固氮螺菌属)和 Acinetobacter(不动杆菌属)在微电场作用下的丰度降低,说明微电场的存在抑制了这些细菌对膜组件的黏附,对缓解膜污染起到了积极的作用。然而,在微电场的刺激下,Uncultured_bacterium_f_Burkholderiaceae 和 Paenarthrobacter(金色类节杆菌属)的丰度显著增加。Uncultured_bacterium_f_Burkholderiaceae 属于变形菌门,其组成成分导致其易于黏附在膜组件表面,因此,膜组件表面 Uncultured_bacterium_f_Burkholderiaceae 的丰度相对较高;Paenarthrobacter 是一种革兰氏阳性细菌,也是一种降解剂。目前对这两种细菌的研究较少,我们推测它们丰度的增加可能与电场有关,微电场的存在可以促进它们的生长繁殖,而这种促进作用会削弱电场缓解膜污染的作用。此外,还检测到丰度较高的假单胞菌属(Pseudomonas),在开路和闭路情况下都占到了 10%。Pseudomonas 属兼性厌氧菌,可有效去除耦合系统中的有机物和氮,并产生电化学活性衍生物,这表明 Pseudomonas 也较容易黏附在膜组件表面且不受电场力影响[11]。

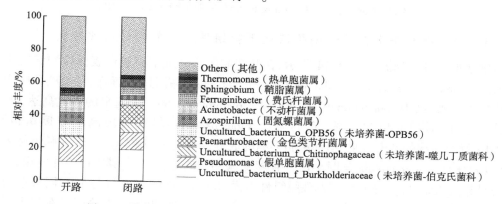

图 5-15　属水平上开路和闭路情况下膜组件表面的物种相对丰度对比图

本章用 TMP 的变化和 SEM 对膜组件表面的污染情况进行了表征,并对微电场作用下苯酚降解产物和微生物与膜污染之间的关系进行深入的探索,阐明了微电场可以缓解但不能消除膜污染的原因。结论如下：

（1）在开路情况下，TMP 在反应器运行 48d 后达到 30kPa，而在闭路情况下，TMP 达到 30kPa 的时间为 56d，比开路情况下延长了 8d，这说明微电场的存在缓解了膜污染。

（2）通过对比开路和闭路情况下的 SEM 图谱可以看出，微电场存在时，膜组件表面附着的污染物明显减少，且无电场时膜组件表面的污染物紧致密集，堆叠明显，有电场时膜组件表面的污染物质较分散，无厚实堆积层，这表明微电场的存在使一些物质远离了膜组件，进一步减缓了膜污染。

（3）通过对比有无电场情况下 MFC-MBR 耦合系统阴极室和膜组件表面降解产物的区别，发现与开路情况下相比，在闭路情况下的阴极室没有检测到胆固醇脂，并且羧酸的含量也明显降低；此外，在闭路情况下的膜组件表面检测到的物质种类少于开路情况下，在开路中检测到的物质比在闭路中多出两种，即三甲基甲硅烷基乙过氧酸酯和十二甲基环己硅氧烷。这表明微电场的存在确实可以减少膜组件表面物质的种类，减缓膜污染。但是，无论有无电场，膜组件表面乙硫醇的含量都高达约 98%，这表明该物质受电场力的影响较小，容易黏附在膜组件表面，同时也解释了微电场不能消除膜污染的原因。

（4）通过对比有无电场情况下 MFC-MBR 耦合系统阴极室和膜组件表面微生物群落的差异，发现当微电场存在时，反应器阴极室的物种多样性增多，物种丰度减少；膜组件表面物种多样性和物种丰度均减少，这对膜污染的缓解有积极作用。此外，无论有无电场，膜组件表面 Proteobacteria 丰度都比较高，容易黏附在膜组件表面，不受电场力影响；Bacteroidetes 在微电场存在的条件下含量减少，有利于减缓膜污染；而 Actinobacteria 作为一种丝状菌，在电场的刺激下反而增多。这进一步说明了微电场的存在只能缓解而无法完全消除膜污染。

## ● 本章参考文献

[1] WANG H,CAO X,LI L,et al. Augmenting atrazine and hexachlorobenzene degradation under different soil redox conditions in a bioelectrochemistry system and an analysis of the relevant microorganisms[J]. Ecotoxicology & environmental safety,2018,147(1):735-741.

[2] MOGHISEH Z,REZAEE A,DEHGHANI S,et al. Microbial electrochemical system for the phenol degradation using alternating current：Metabolic pathway study[J]. Bioelectrochemistry,2019,130:107230.

[3] TRIPATHI M K,PAUL A,RAMANATHAN V. Revisiting structure and conformational stability of ethanethiol[J]. Journal of molecular structure,2021,1223:128997.

[4] HASSAN H,JIN B,DONNER E,et al. Microbial community and bioelectrochemical activities in MFC for degrading phenol and producing electricity：Microbial consortia could make differences[J]. Chemical engineering journal,2018,332:647-657.

[5] ZHANG Q,ZHANG Y,LI D. Cometabolic degradation of chloramphenicol via a meta-cleavage pathway in a microbial fuel cell and its microbial community[J]. Bioresource technology,2017,229:104-110.

［6］ LI N, ZENG W, MIAO Z, et al. Enhanced nitrogen removal and in situ microbial community in a two-step feed oxic/anoxic/oxic-membrane bioreactor（O/A/O-MBR）process［J］. Journal of chemical technology & biotechnology, 2018, 94（4）:1315-1322.

［7］ LIU L, LIU J, GAO B, et al. Minute electric field reduced membrane fouling and improved performance of membrane bioreactor［J］. Separation & purification technology, 2012, 86:106-112.

［8］ 曹新. 新型滴滤式生物阴极微生物燃料电池的同步污水处理及产能研究［D］. 武汉:武汉科技大学, 2012.

［9］ YU J, CHO S, KIM S, et al. Comparison of exoelectrogenic bacteria detected using two different methods:U-tube microbial fuel cell and plating method［J］. Microbes & environments, 2012, 27（1）:49-53.

［10］ LUCIANA A, CATARINA S, FERNANDA N M, et al. Truepera radiovictrix gen. nov. , sp. nov. , a new radiation resistant species and the proposal of Trueperaceae fam. nov［J］. FEMS microbiology letters, 2005, 247（2）:161-169.

［11］ DAI Q, ZHANG S, LIU H, et al. Sulfide-mediated azo dye degradation and microbial community analysis in a single-chamber air cathode microbial fuel cell［J］. Bioelectrochemistry, 2020, 131:107349.

# 第6章

# 微电场对MFC-MBR耦合系统膜污染抑制机理的模拟研究

## 6.1 概述

近年来,膜污染问题成为 MFC-MBR 耦合系统研究的热点。膜污染会引起 MFC-MBR 耦合系统运行过程中 TMP 增大,过滤阻力增大,降低膜的透过性,缩短膜的使用寿命,增加运行成本。膜污染是 MBR 推广使用的阻碍之一[1]。膜污染机理的研究对减缓和削减膜污染以及降低 MFC-MBR 耦合系统运行成本都至关重要。数学模型在膜污染机制的识别、过滤过程重要参数的描述以及膜污染发展的解释和预测方面都有重要的应用。

## 6.2 膜污染模型概况

### 6.2.1 阻塞模型

在 MBR 中,最基础的模型是 Hermia 提出的阻塞模型。这个模型包含了四个子模型:
1)完全阻塞
如图 6-1a)所示,假设每个到达膜表面的颗粒物都完全堵塞膜孔,且其他颗粒物无法沉积在已经被堵塞的膜孔上。阻塞发生在膜表面,而不是膜的内部孔隙。因此,可用膜面积会随着过滤过程不断减小。
2)标准阻塞
如图 6-1b)所示,假设膜具有圆柱形孔隙,每个到达膜表面的颗粒物都有可能沉积在膜内部孔隙壁上,从而阻塞膜孔,最后导致孔隙体积减小。
3)中间阻塞
如图 6-1c)所示,假定每个颗粒物都可以在先前到达的其他颗粒物上沉降并阻塞住某些孔,或者也可以直接阻塞某些膜区域。与完全阻塞相似,但中间阻塞对于颗粒物是否单层没有严格限制。

4)泥饼层过滤

如图6-1d)所示,在膜表面形成的泥饼层是由颗粒物在膜表面的积聚形成的,而且过滤阻力随颗粒物的厚度增加而增加。

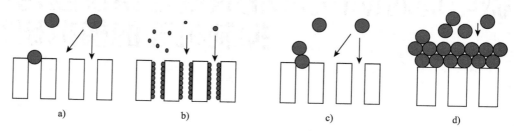

图6-1　四种经典阻塞模型图

a)完全阻塞模型图;b)标准阻塞模型图;c)中间阻塞模型图;d)泥饼层过滤模型图

阻塞模型中四个子模型的数学表达式见表6-1。该模型主要用于膜污染过程中污染机制的识别。具体方法是将提取出的膜污染物进行恒压死端过滤实验,并绘制出通量与过滤体积的关系曲线,利用阻塞模型的四种机制与曲线拟合,从而实现膜污染机理的分析。Bowen 利用这些模型研究了在牛血清蛋白过滤过程中微滤膜污染的不同阶段的主要污染机制。

**阻塞模型数学表达式**　　　　　　　　　　　　　　　　表6-1

| 机制 | 恒定 TMP | 恒定通量 |
|---|---|---|
| 完全阻塞 | $J = J_0 \exp(-K_b t)$ | $\dfrac{P_0}{P} = 1 - K_b t$ |
| 标准阻塞 | $J = \dfrac{J_0}{\left(\dfrac{K_s J_0 t}{2} + 1\right)^2}$ | $\dfrac{1}{J_0}\left(\dfrac{P_0}{P}\right)^{1/2} = \dfrac{1}{J_0} - \dfrac{K_s}{2} t$ |
| 中间阻塞 | $K_i t = \dfrac{1}{J} - \dfrac{1}{J_0}$ | $\ln\left(\dfrac{P}{P_0}\right) = K_i t J_0$ |
| 泥饼层过滤 | $J = \dfrac{J_0}{(1 + 2K_c J_0^2 t)^{1/2}}$ | $\dfrac{P}{P_0} = K_c J_0^2 t + 1$ |

注:式中:$J$——膜通量,$m^3/m^2 \cdot s$;

　　$J_0$——初始膜通量,$m^3/m^2 \cdot s$;

　　$t$——时间,$s$;

　　$P$——TMP,$kg/m \cdot s^2$;

　　$P_0$——初始 TMP,$kg/m \cdot s^2$;

　　$K_b$——完全阻塞过滤常数,$s/m^2$;

　　$K_s$——标准阻塞过滤常数,$s/m^2$;

　　$K_i$——中间阻塞过滤常数,$s/m^2$;

　　$K_c$——泥饼层过滤常数,$s/m^2$。

Liu 等[2] 开发出一种由普通的丝绸和泥饼层组成的新型膜,以利用泥饼层的分离能力。分别利用传统的四种阻塞机制,证明了膜的形成过程并对膜的构成进行了研究,在此基础上,结合流体动力学边界层理论和动力膜的形成机理,提出了膜表面最佳错流速度和膜污染控制曝气量的计算方法。

从上述的阻塞模型可以看出,阻塞模型是由三种阻塞过滤机制和一种泥饼层过滤机制组成的。而上述研究中,只有一种机制被用于拟合整个过滤过程。但在实际中,过滤产生的膜污染一般分为两部分:一部分是堵塞孔隙产生的膜污染,另一部分是在膜表面累积产生泥饼层的膜污染。两种行为无法由单一的阻塞机理统一评价。因此,阻塞模型中的四种子模型适用于污染物模式的识别,应用单一子模型进行膜污染的研究时存在较大局限性。

## 6.2.2　组合模型

MBR 中膜污染现象并非只存在一种污染机制,而是多种机制共同作用。传统的阻塞定律不能评估每个机制的相对重要性,无法解释 MBR 中复合污染物复杂的污染行为。组合模型在传统的阻塞模型的基础上发展而来,它运用阻塞模型中两个或两个以上的子模型综合评价过滤和膜污染行为。通常组合模型包含连续组合模型和并发组合模型两种。

1) 连续组合模型

连续组合模型认为这几种机制的作用顺序是有先后的,过滤的不同阶段有不同的作用机制。

Ho 和 Zydney 结合膜孔阻塞和泥饼层过滤机制,准确描述牛血清蛋白的污染过程[3]。他们将通过膜的体积流量描述为

$$Q = Q_0 \left\{ \exp\left(-\frac{\alpha \Delta P C_b}{\mu R_m} t\right) + \frac{R_m}{R_m + R_p} \times \left[1 - \exp\left(-\frac{\alpha \Delta P C_b}{\mu R_m} t\right)\right] \right\} \quad (6-1)$$

其中

$$R_p = (R_m + R_{p0}) \sqrt{1 + \frac{2f'R'\Delta P C_b}{\mu (R_m + R_{p0})^2} t} - R_m \quad (6-2)$$

式中:$Q$——流量,$\text{m}^3/\text{s}$;

$\quad Q_0$——初始流量,$\text{m}^3/\text{s}$;

$\quad \alpha$——膜孔阻塞参数,等于每单位质量的蛋白质向膜表面传导时所阻塞的膜面积,$\text{m}^2/\text{kg}$;

$\quad C_b$——蛋白质浓度,$\text{kg/m}^3$;

$\quad R_m$——膜自身阻力,$\text{m}^{-1}$;

$\quad R_p$——蛋白质沉积在膜的特定区域的阻力,$\text{m}^{-1}$;

$\quad R_{p0}$——蛋白质初始沉积阻力,$\text{m}^{-1}$;

$\quad \mu$——溶液黏度,$\text{Pa·s}$;

$\quad f'$——促进沉积物增长的那部分蛋白质的比例;

$\quad R'$——单位质量蛋白质产生的阻力,在恒压过滤中为常数,$\text{kg}^{-1}·\text{m}^{-1}$。

公式(6-1)中的第一项等效于经典的膜孔阻塞模型,并给出体积流量的简单指数衰减。在

较长时间内,体积流量主要由公式第二项决定,体积流量与膜过滤阻力和总阻力之比成正比。经过较长时间后,公式(6-1)简化为泥饼层过滤机制。该模型提供了从过滤过程中的孔隙阻塞到泥饼层行为的平稳过渡,而不需要在污染模型中使用完全独立的数学描述。

2)并发组合模型

并发组合模型则认为多种机制的作用是同时发生的。为了解决传统阻塞定律的局限性,在传统四种阻塞机制的基础上,Bolton 提出了五个新的污染模型:泥饼层-完全阻塞模型、泥饼层-中间阻塞模型、完全-标准阻塞模型、中间-标准阻塞模型和泥饼层-标准阻塞模型[4]。该模型是在恒定流动操作过程中压力与时间有关的显式方程,以及在恒定压力操作过程中体积与时间有关的方程。模型采用两个拟合参数,当一个机制主导时,简化为单一模型。

并发组合模型一般以达西定律为起点:

$$Q = \frac{PA}{R\mu} \tag{6-3}$$

在这个方程中,流量 $Q$ 是 TMP$P$、可用膜面积 $A$、膜过滤阻力 $R$ 和溶液黏度 $\mu$ 的函数。在恒定压力条件下,过滤过程中跨膜压力保持一定,根据达西定律,可以得到:

$$\frac{J}{J_0} = \frac{R_0 A}{R A_0} \tag{6-4}$$

式中:$R$——膜过滤阻力,$m^{-1}$;

　　$R_0$——初始膜过滤阻力,$m^{-1}$;

　　$A$——可用膜面积,$m^2$;

　　$A_0$——初始可用膜面积,$m^2$。

以泥饼层-完全阻塞模型为例,该模型认为可用膜面积的减少由完全阻塞机制引起,膜过滤阻力的增长由泥饼层的堆积引起。因此,根据相应的机制分别推导 $\frac{R}{R_0}$ 和 $\frac{A}{A_0}$。

当膜被完全阻塞和中间阻塞机制作用时,可用膜面积可表示为

$$\frac{A}{A_0} = 1 - \frac{K_b}{J_0} V \tag{6-5}$$

$$\frac{A}{A_0} = \exp(-K_i V) \tag{6-6}$$

标准阻塞模型中,过滤阻力可表示为

$$R = R_0 \left(1 - \frac{K_s V}{2}\right)^{-2} \tag{6-7}$$

或

$$R = R_0 \left(1 + \frac{K_s J_0 t}{2}\right)^2 \tag{6-8}$$

适用泥饼层过滤的情形下,过滤阻力可表示为

$$R = R_0 (1 + K_c J_0 V)$$

或

$$\frac{R}{R_0} = (1 + 2K_c J_0^2 t)^{1/2} \tag{6-9}$$

结合公式(6-4)、公式(6-5)和公式(6-9)，可以得到关于泥饼层-完全阻塞模型的通量公式：

$$\frac{J}{J_0} = \left(1 - \frac{K_b V}{J_0}\right)(1 + 2K_c J_0^2 t)^{-1/2} \tag{6-10}$$

由公式(6-10)可以解得过滤体积随时间变化的公式：

$$V = \frac{J_0}{K_b}\left\{1 - \exp\left[\frac{-K_b}{K_c J_0^2}\left(\sqrt{1 + 2K_c J_0^2 t} - 1\right)\right]\right\} \tag{6-11}$$

而在恒定通量的条件下，过滤的流量($Q$)保持不变，根据达西定律，可以得到：

$$\frac{P}{P_0} = \frac{RA_0}{R_0 A} \tag{6-12}$$

这一组合模型综合考虑了两种机制在膜污染形成过程中同时产生作用。根据实验结果[4]，泥饼层-完全阻塞模型能够适应各种过滤条件下的膜污染情形，表明膜污染主要是由滤饼过滤和完全阻塞两种机制共同作用的。在该实验中，还可以由拟合的参数值来衡量两种机制影响的大小。这一模型是目前膜污染研究中使用较多的模型。

在此基础上，Hou 等引入了稳定可用膜面积 $K$，以提高泥饼层-完全阻塞模型对完全阻塞和泥饼层过滤联合污染机制的预测精度[5]。笔者认为，泥饼层变得致密会阻止完全阻塞机制发挥作用，从而使完全阻塞和泥饼层过滤综合作用的机制改变为泥饼层过滤。因此，可用膜面积将保持一个恒定值 $K$，而不是减少到零，泥饼层厚度仍然增加。引入稳定可用膜面积 $K$ 值后，可用膜面积可以表示为

$$\frac{A}{A_0} = (1 - K)\exp\left\{\frac{-K_b}{K_c J_0^2}\left[(1 + 2K_c J_0^2 t)^{1/2} - 1\right]\right\} + K \tag{6-13}$$

通量可以表示为

$$J = \frac{J_0(1 - K)\exp\left(\left\{\frac{-K_b}{K_c J_0^2}\left[(1 + 2K_c J_0^2 t)^{1/2} - 1\right]\right\} + K\right)}{(1 + 2K_c J_0^2 t)^{1/2}} \tag{6-14}$$

该模型利用组合过滤机制描述了膜过滤过程的通量变化，同时，也可以在不同条件下分析污垢机制从泥饼层-完全阻塞机制到单一泥饼层过滤机制的过渡点，为进一步明确过滤机制提供了帮助。

## 6.2.3　串联阻力模型

串联阻力模型是一种较为直观的建模方法。串联阻力模型将膜过滤阻力分成两部分考虑：一部分是膜表面的过滤阻力 $R_m$，这一部分阻力的主要来源是膜表面形成的泥饼层；另一部分是膜孔的过滤阻力 $R_c$。由此通量可以表示为

$$J = \frac{P}{\mu(R_c + R_m)} \tag{6-15}$$

该模型认为 TMP 的增长是由于泥饼层堆积。TMP 由两部分组成：一部分是由膜自身阻力引起的 TMP $P_0$，另一部分是由泥饼层阻力引起的 TMP $P_{cake}$，因此 TMP 的模型可以表示为

$$P = P_0 + P_{cake} \tag{6-16}$$

其中膜组件固有阻力引起的 TMP $P_0$ 是一个常数。泥饼层会随时间的增长堆积,由其引起的 TMP 可以量化为一个时间的函数,所以可以表示为

$$P = P_0 + P_0 K_c J_0^2 t \tag{6-17}$$

其中参数 $K_c$ 可以通过实验所得的 TMP 随时间的变化求解。公式(6-17)是一个在阻塞模型基础上建立的经验模型,可以较为简便地衡量泥饼层过滤机制作用的过滤行为。其局限性与传统阻塞模型类似,适用于滤液性质较为稳定和单一且只有一种作用机制的系统。

### 6.2.4 考虑生物过程的膜污染模型

这一类模型不同于以上三种经验模型,它考虑了 MBR 中生物过程,将膜污染的发展的宏观表现——TMP 的增长与微观的微生物反应过程结合起来。

在 Zaw 等[6]的研究中,建立了一个数学模型来模拟膜表面的积累、分离和固结,模拟吸入压力、通量和过滤阻力的时间变化。混合悬浮液的浓度可以表示为

$$\frac{\mathrm{d}x}{\mathrm{d}t} = Y \cdot L - k_{dx} \cdot x \tag{6-18}$$

式中:$x$——MLSS 的浓度,mg/L;

$Y$——产率系数(g-MLSS/g-TOC);

$L$——TOC 的容积负荷率;

$k_{dx}$——MLSS 的凋亡率。

将 MBR 中主要的污染物来源 EPS 量化为

$$\frac{\mathrm{d}p}{\mathrm{d}t} = \beta \cdot L - k_{dp} \cdot p \tag{6-19}$$

式中:$p$——EPS 的浓度(mg/L);

$\beta$——产率系数(g-EPS/g-MLSS);

$k_{dp}$——EPS 的降解率。

EPS 在膜表面的行为可以表示为

$$\frac{\mathrm{d}m}{\mathrm{d}t} = J \cdot p - k_{dm} \cdot m \tag{6-20}$$

$$k_{dm} = \gamma(\tau_m - \lambda_m \cdot \Delta P) \tag{6-21}$$

式中:$m$——膜表面 EPS 的浓度(mg/g MLSS);

$J$——通量(m³/m² · s);

$k_{dm}$——EPS 从膜表面的脱落率;

$\gamma$——常数参数;

$\tau_m$——剪切力(N);

$\lambda_m$——静摩擦系数;

$\Delta P$——跨膜压差(kg/m · s²)。

EPS 在膜表面的固结行为可以表示为

$$\frac{\mathrm{d}\alpha}{\mathrm{d}t} = k_\alpha(\alpha_\infty - \alpha) \tag{6-22}$$

$$\alpha_\infty = \alpha_0 + \alpha_p \cdot \Delta P \tag{6-23}$$

式中:$\alpha$——EPS 的比阻;

$\quad \alpha_\infty$——$\alpha$ 的最终值;

$\quad \alpha_0$——当 $P = 0$ 时 $\alpha$ 的值;

$\quad k_\alpha$——固结过程的速率;

$\quad \alpha_p$——$\alpha$ 在压强为 $P$ 时的值。

最终过滤过程的总阻力可以表示为 EPS 带来的过滤阻力和膜固有阻力 $R_m$:

$$R = \alpha \cdot m + R_m \tag{6-24}$$

最终,TMP 可以通过达西定律得出。该模型以微分方程组的形式,量化了混合悬浮液浓度、EPS 浓度、EPS 在膜表面的行为、EPS 由于泵的抽吸在膜表面的固结。通过过滤阻力这一指标,将 TMP 与微观的微生物反应过程有机结合在一起。

目前,膜污染发展的模型研究主要来自对过滤机理的研究,有关 MFC-MBR 耦合系统中的膜污染发展的数学模型研究还鲜有报道。在对过滤机理的研究当中,滤液主要为性质单一的介质。而在 MFC-MBR 耦合系统中,滤液性质更为复杂。

传统的膜污染模型中包含了标准阻塞、中间阻塞、完全阻塞和泥饼层过滤四个子模型,其中标准阻塞、中间阻塞和完全阻塞机制认为颗粒物沉积在膜的孔隙中。其中,在颗粒物的粒径小于膜孔径的情况下,标准阻塞占主导地位;当颗粒物的粒径与膜孔径相近时,完全阻塞占主导地位。而泥饼层过滤机制认为颗粒物仅沉积在膜表面。

传统的膜污染模型,如阻塞模型、组合模型都是适用于时间跨度较短(几小时至几天),且不涉及微生物群落演替的模型,不宜直接将以往的膜污染模型应用到 MBR 系统中。因此在传统模型的基础上,应对模型进行改进,使其更加适合描述 MBR 系统以及 MBR 系统在电场条件下的膜污染发展。

# 6.3 膜污染模型构建

单一污染模型不能很好地描述膜污染过程,组合模型能更准确地描述这一过程。膜污染涉及孔隙阻塞和泥饼层形成两种行为。因此,本研究构建了完全阻塞-泥饼层过滤和中间阻塞-泥饼层过滤两种理论模型。

## 6.3.1 过滤理论

### 6.3.1.1 完全阻塞理论

在过滤过程中,膜孔被先到达的表面颗粒物完全堵塞,后到的颗粒物便无法在膜表面沉积,也无法进入膜孔内部。可用膜面积会随着过滤过程不断减小。可用膜面积为过滤水体积的函数,如公式(6-25)所示[4]。

$$A(t) = A_0 \left( 1 - \frac{K_b}{J_0} V \right) \tag{6-25}$$

式中:$A$——滤膜的可用面积,$m^2$;

$A_0$——滤膜的初始面积,$m^2$;

$V$——滤液体积,$m^3$;

$K_b$——需要求解的参数;

$J_0$——初始通量,$m/s$。

#### 6.3.1.2 中间阻塞理论

与完全阻塞机制相似,但在中间阻塞模型中,颗粒物可以在表面累积。因此,中间阻塞理论对于颗粒物来说可能是单层沉积也可能是多层沉积。根据中间阻塞机制,滤膜的可用面积可以表示为:

$$A(t) = A_0 \exp(-K_i J_0 t) \tag{6-26}$$

#### 6.3.1.3 泥饼层过滤理论

在泥饼层过滤模型中,滤膜顶部形成一层可渗透的泥饼层,随着过滤体积的增加,泥饼层上颗粒物的堆积使过滤阻力增大,过滤阻力如公式(6-27)所示。

$$R(t) = R_0(1 + K_c J_0 V) \tag{6-27}$$

式中:$R$——过滤阻力,$m^{-1}$;

$R_0$——初始过滤阻力,$m^{-1}$。

## 6.3.2 模型假设

模型中的一些假设如下所示:

(1)总过滤阻力是泥饼层阻力和滤膜固有阻力之和。

(2)可用膜面积减少是由于膜孔堵塞。

(3)微观上,在过滤开始时,由于溶质-膜的相互作用,有些膜孔被堵塞,膜的开孔数量减少。由于流量 $Q$ 在实验过程中保持恒定,对还未堵塞的膜孔,表现为溶质及溶液在膜孔的流通速率(即通量)逐渐增加。随着孔隙堵塞,可用膜面积逐步减少,系统逐步到达甚至超过临界通量。此时,系统转向第二个过滤时期。在系统的两个过滤时期,过滤行为存在着显著差异。因此,以 TMP 的突然变化为标志,将膜污染的发展分成两个阶段:

在第一阶段,颗粒物随机沉积在部分被堵塞的膜上、未被堵塞的膜孔或沉积在其他颗粒物的顶部,如图 6-2a)所示。

在第二阶段,过滤阻力主要由堆积的泥饼层贡献,当新到达的颗粒物沉积在泥饼层顶部时,过滤阻力变得更大。为了保持流量恒定,抽水的力不断增加。随着力的增加,膜上及泥饼层上累积的颗粒物也可能脱落堵塞膜孔隙,如图 6-2b)所示。因此,在第二阶段,可用膜面积比第一阶段减少得更快。这一阶段与可用膜面积相关的参数不同于第一阶段。

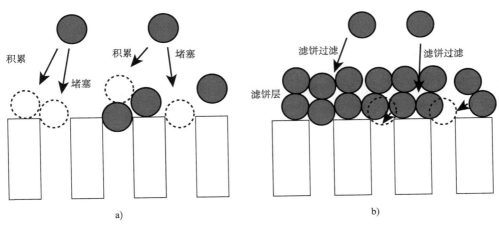

图 6-2　膜污染发展的两个阶段模型图

a)第一阶段模型图；b)第二阶段模型图

(4)在两个阶段中,泥饼层上颗粒物的累积是一个稳定且均匀的过程。

## 6.3.3　完全阻塞-泥饼层过滤模型

### 6.3.3.1　膜污染第一阶段

在第一阶段,颗粒物随机沉积在膜表面或膜未阻塞的孔隙中。在恒定流速下,过滤体积是时间的函数,如公式(6-28)所示。

$$V = Q \cdot t \tag{6-28}$$

式中:$Q$——单位时间通过膜的滤液体积,$\mathrm{m}^3/\mathrm{s}$。

可用膜面积随着颗粒物的沉积而减少,其随时间的变化如公式(6-29)所示。

$$A(t) = A_0 \left( 1 - \frac{K_b}{J_0} Q t \right) \tag{6-29}$$

与可用膜面积相关的过滤通量在恒定流速条件下可以通过公式(6-30)计算。

$$J(t) = \frac{Q}{A(t)} \tag{6-30}$$

泥饼层对过滤阻力贡献最大[7],因此总的过滤阻力可以用泥饼层的过滤阻力近似代替,如公式(6-31)所示。

$$R(t) = R_0 (1 + K_c J_0 Q t) \tag{6-31}$$

由达西定律,TMP 可表示为公式(6-32),它是可用膜面积和过滤阻力的函数。

$$P = \frac{Q R(t) \mu}{A(t)} \tag{6-32}$$

式中:$\mu$——滤液的黏度,$\mathrm{Pa \cdot s}$。

结合公式(6-29)、公式(6-31)和公式(6-32),TMP 可由表达式(6-33)表示。

$$P = P_0 \frac{1 + K_c J_0 Q t}{1 - \frac{K_b}{J_0} Q t} \tag{6-33}$$

### 6.3.3.2 膜污染第二阶段

在第二阶段,过滤阻力主要由堆积颗粒物的泥饼层贡献,当新到达的颗粒物沉积在泥饼层顶部时过滤阻力变大。为了保持恒定的流量,抽水的力不断增加。随着力的增加,膜表面积累的颗粒会堵塞孔隙。因此,在第二阶段,可用膜面积比第一阶段减少得更快,因此该阶段的 $K_b$ 与第一阶段不同。

## 6.3.4 中间阻塞-泥饼层过滤模型

与完全阻塞-泥饼层过滤模型的推导过程相似,中间阻塞-泥饼层过滤模型的推导如下。根据泥饼层过滤机制,泥饼层的过滤阻力可以表示为

$$\frac{R}{R_0} = (1 + 2K_c J_0^2 t)^{1/2} \tag{6-34}$$

根据中间阻塞机制,滤膜的可用面积可以表示为

$$\frac{A}{A_0} = \exp(-K_i Q t) \tag{6-35}$$

由于过滤流量 $Q$ 恒定不变,根据公式(6-36):

$$J = \frac{Q}{A} \tag{6-36}$$

可以得到 MFC-MBR 耦合系统运行过程中通量随时间的变化情况:

$$J = J_0 \exp(K_i J_0 t) \tag{6-37}$$

结合公式(6-32)、公式(6-34)和公式(6-35),可以得到恒定过滤流量条件下的 TMP:

$$P = P_0 \exp(K_i J_0 t) \sqrt{(1 + 2K_c J_0^2 t)} \tag{6-38}$$

模型中的主要参数见表6-2。

**反应器、废水和膜的主要参数**　　　　　　　　　　　　　　表6-2

| 参数类型 | 参数 | 参数值 |
|---|---|---|
| 运行条件 | $Q/(\text{m}^3/\text{s})$ | $1.67 \times 10^{-7}$ |
| | $J_0/(\text{m/s})$ | $2.65 \times 10^{-5}$ |
| 废水性质 | pH | $6 \sim 8$ |
| | $\text{COD}/(\text{mg/L})$ | 1600 |
| | $\mu(\text{kg/ms})$ | $1.2 \times 10^{-3}$ |
| 膜 | 膜孔径/μm | 0.1 |
| | $A_0/\text{m}^2$ | 0.0063 |

# 6.4 膜污染发展模拟分析

根据已经构建的模型,在膜污染的进程中,污染物的行为主要是两方面:(1)颗粒物累积在泥饼层;(2)污染物堵塞滤膜膜孔。而泥饼层颗粒物的累积直接反映在膜过滤阻力的增长上,污染物堵塞滤膜膜孔的行为直接反映在可用膜面积的减少上。

因此,要想深入理解膜污染的发展过程以及曝气和电场如何共同作用于膜污染的发展,就必须研究每一时刻的膜过滤阻力和可用膜面积的情况,但由于每时刻的膜污染情况难以通过实验测量,我们需要借助已建立的模型。

首先求解模型中的参数,并验证模型的有效性;然后根据模型得到每一时刻的膜过滤阻力与可用膜面积的情况,并据此提出电场减缓膜污染机理。

## 6.4.1 模型求解

结合前期实验数据,对已经建立的中间阻塞-泥饼层过滤模型和完全阻塞-泥饼层过滤模型分别进行求解,模型参数求解结果如表 6-3 所示。C-MBR(无电场)和 MFC-MBR(有电场)中 $K_i$ 和 $K_c$ 根据实验数据计算,其 $R^2$ 数据列于表中。所有 $R^2$ 均在 0.9 以上,说明实验数据与模型拟合较好。

**模型拟合情况统计数据**　　　　　　　　　　　　　　表 6-3

| 曝气强度/(L/min) | 反应器 | 阶段 | $R^2$<br>(完全阻塞-泥饼层过滤模型) | $R^2$<br>(中间阻塞-泥饼层过滤模型) |
|---|---|---|---|---|
| 0.5 | C-MBR | 一 | 0.9770 | 0.9802 |
| | | 二 | 0.9826 | 0.9815 |
| | MFC-MBR | 一 | 0.9849 | 0.9851 |
| | | 二 | 0.9502 | 0.9669 |
| 1.5 | C-MBR | 一 | 0.9795 | 0.9802 |
| | | 二 | 0.9205 | 0.9379 |
| | MFC-MBR | 一 | 0.9875 | 0.9867 |
| | | 二 | 0.9931 | 0.9932 |
| 2.5 | C-MBR | 一 | 0.9831 | 0.9815 |
| | | 二 | 0.9771 | 0.9785 |
| | MFC-MBR | 一 | 0.9764 | 0.9745 |
| | | 二 | 0.9880 | 0.9897 |

　　根据两种模型分别预测的 TMP 值见表 6-4 和表 6-5,可以看到应用两种模型预测的 TMP 值相近。这是由于二者在机理上较为相似,不同之处仅在于中间阻塞-泥饼层过滤机制不严格限制颗粒物在膜孔上的累积为单层。Bolton 等指出,中间阻塞-泥饼层过滤、完全阻塞-泥饼层过滤机制都具有良好的普适性,其中完全阻塞-泥饼层过滤机制适用效果最好[4]。因此,后续模拟研究均采用完全阻塞-泥饼层过滤模型。

**0.5L/min 曝气强度下 C-MBR TMP 的预测值**　　　　表 6-4（a）

| 时间/d | 实验值/kPa | 中间阻塞-泥饼层过滤/kPa | 完全阻塞-泥饼层过滤/kPa |
|---|---|---|---|
| 1 | 2.4 | 3.04052073 | 3.054760253 |
| 2 | 3.8 | 3.719683498 | 3.741971839 |
| 3 | 4.2 | 4.439308919 | 4.464108597 |
| 4 | 5 | 5.201294666 | 5.223902375 |
| 5 | 6.1 | 6.007618545 | 6.024377561 |
| 6 | 6.7 | 6.860341678 | 6.868891319 |
| 7 | 8.1 | 7.761611821 | 7.761180654 |
| 8 | 8.8 | 8.713666797 | 8.705417696 |
| 9 | 10.3 | 9.718838065 | 9.706274931 |
| 10 | 10.2 | 10.77955443 | 10.76900253 |
| 11 | 12.1 | 13.75453893 | 13.65488826 |
| 12 | 16.9 | 17.91072616 | 17.68789414 |
| 13 | 21.9 | 22.7526356 | 22.45737424 |
| 14 | 29.7 | 28.37506991 | 28.18533204 |
| 15 | 34.7 | 34.88485877 | 35.19296609 |

**1.5L/min 曝气强度下 C-MBR TMP 的预测值**　　　　表 6-4（b）

| 时间/d | 实验值/kPa | 中间阻塞-泥饼层过滤/kPa | 完全阻塞-泥饼层过滤/kPa |
|---|---|---|---|
| 1 | 2.1 | 2.705157373 | 2.705299264 |
| 2 | 3.5 | 3.322702804 | 3.322443493 |
| 3 | 4.3 | 3.952828801 | 3.951783812 |
| 4 | 4.8 | 4.595730542 | 4.59368536 |
| 5 | 5.3 | 5.251605903 | 5.248527997 |
| 6 | 5.8 | 5.920655502 | 5.916707059 |
| 7 | 6.3 | 6.603082727 | 6.598634148 |
| 8 | 6.8 | 7.299093774 | 7.294737981 |

续上表

| 时间/d | 实验值/kPa | 中间阻塞-泥饼层过滤/kPa | 完全阻塞-泥饼层过滤/kPa |
|---|---|---|---|
| 9 | 8.7 | 8.008897686 | 8.005465287 |
| 10 | 8.7 | 8.732706387 | 8.731281763 |
| 11 | 9.3 | 9.470734722 | 9.472673095 |
| 12 | 10.3 | 10.22320049 | 10.23014603 |
| 13 | 14.5 | 13.27706506 | 13.18142003 |
| 14 | 19 | 17.15156734 | 16.95048242 |
| 15 | 22.8 | 21.45967236 | 21.17789867 |
| 16 | 28.9 | 26.24051811 | 25.95269212 |
| 17 | 32.6 | 31.5364456 | 31.38853591 |
| 18 | 35 | 37.39324669 | 37.63291921 |

**2.5L/min 曝气强度下 C-MBR TMP 的预测值**　　　　　表 6-4（c）

| 时间/d | 实验值/kPa | 中间阻塞-泥饼层过滤/kPa | 完全阻塞-泥饼层过滤/kPa |
|---|---|---|---|
| 1 | 2.5 | 2.958066822 | 2.966398988 |
| 2 | 3.3 | 3.439926686 | 3.452946216 |
| 3 | 3.7 | 3.946555734 | 3.9609761 |
| 4 | 4.5 | 4.4789662 | 4.491943555 |
| 5 | 5.2 | 5.038207664 | 5.047437907 |
| 6 | 5.4 | 5.625368357 | 5.629198788 |
| 7 | 6.7 | 6.241576504 | 6.239134327 |
| 8 | 7.1 | 6.888001711 | 6.879342063 |
| 9 | 7.8 | 7.565856399 | 7.552133042 |
| 10 | 8.1 | 8.276397293 | 8.260059692 |
| 11 | 9.2 | 9.020926949 | 9.005948187 |
| 12 | 9.2 | 9.800795344 | 9.792936148 |
| 13 | 10.1 | 10.61740151 | 10.62451677 |
| 14 | 11.1 | 11.47219521 | 11.50459066 |
| 15 | 13.8 | 12.36667873 | 12.437527 |
| 16 | 16 | 17.41160031 | 17.36579932 |
| 17 | 20.1 | 20.42818646 | 20.34496404 |
| 18 | 23.6 | 23.70890128 | 23.5973071 |

| 时间/d | 实验值/kPa | 中间阻塞-泥饼层过滤/kPa | 完全阻塞-泥饼层过滤/kPa |
|---|---|---|---|
| 19 | 29 | 27.27292875 | 27.16220814 |
| 20 | 32 | 31.1407272 | 31.08699781 |
| 21 | 34.1 | 35.33410967 | 35.42907116 |

### 0.5L/min 曝气强度下 MFC-MBR TMP 的预测值 表 6-5（a）

| 时间/d | 实验值/kPa | 中间阻塞-泥饼层过滤/kPa | 完全阻塞-泥饼层过滤/kPa |
|---|---|---|---|
| 1 | 2.1 | 2.462675789 | 2.472679944 |
| 2 | 3.1 | 2.844205244 | 2.860719924 |
| 3 | 3.5 | 3.245365249 | 3.265089517 |
| 4 | 3.4 | 3.666961563 | 3.686841661 |
| 5 | 4.2 | 4.10982984 | 4.127121805 |
| 6 | 4.7 | 4.57483667 | 4.587178301 |
| 7 | 5.9 | 5.062880661 | 5.068374221 |
| 8 | 5.4 | 5.574893562 | 5.572200853 |
| 9 | 6.1 | 6.111841413 | 6.100293129 |
| 10 | 6.1 | 6.674725745 | 6.654447354 |
| 11 | 7.8 | 7.264584814 | 7.23664162 |
| 12 | 8 | 7.882494874 | 7.849059394 |
| 13 | 8.3 | 8.529571503 | 8.494116887 |
| 14 | 8.6 | 9.206970963 | 9.174494911 |
| 15 | 9.8 | 9.915891607 | 9.893176122 |
| 16 | 10.7 | 10.65757534 | 10.65348873 |
| 17 | 11.3 | 11.43330913 | 11.45915804 |
| 18 | 12.7 | 12.24442654 | 12.31436749 |
| 19 | 16.2 | 15.92542816 | 15.77893734 |
| 20 | 21.1 | 19.66727813 | 19.3678506 |
| 21 | 25.5 | 23.99641468 | 23.60488429 |
| 22 | 29.4 | 28.99269487 | 28.68303032 |
| 23 | 33.5 | 34.74605626 | 34.88034741 |

**1.5L/min 曝气强度下 MFC-MBR TMP 的预测值**　　　　表 6-5（b）

| 时间/d | 实验值/kPa | 中间阻塞-泥饼层过滤/kPa | 完全阻塞-泥饼层过滤/kPa |
|---|---|---|---|
| 1 | 2.5 | 2.924167236 | 2.925442155 |
| 2 | 2.9 | 3.318565194 | 3.320733494 |
| 3 | 3.9 | 3.718247398 | 3.720964918 |
| 4 | 3.8 | 4.123267861 | 4.126229618 |
| 5 | 4.8 | 4.533681091 | 4.536623142 |
| 6 | 4.9 | 4.94954209 | 4.95224347 |
| 7 | 5.6 | 5.370906363 | 5.373191096 |
| 8 | 5.7 | 5.797829921 | 5.799569107 |
| 9 | 6.1 | 6.230369283 | 6.231483266 |
| 10 | 6.4 | 6.668581486 | 6.6690421 |
| 11 | 7.2 | 7.112524082 | 7.112356992 |
| 12 | 7.9 | 7.562255149 | 7.561542276 |
| 13 | 8.1 | 8.01783329 | 8.016715333 |
| 14 | 8.6 | 8.479317643 | 8.477996693 |
| 15 | 8.5 | 8.94676788 | 8.945510146 |
| 16 | 9.5 | 9.420244217 | 9.419382847 |
| 17 | 9.8 | 9.899807415 | 9.899745435 |
| 18 | 12.7 | 11.98561818 | 11.86381553 |
| 19 | 13.4 | 14.40413693 | 14.17015948 |
| 20 | 16.7 | 17.09046289 | 16.76445155 |
| 21 | 19.6 | 20.06946279 | 19.70420786 |
| 22 | 23.7 | 23.36812258 | 23.06335528 |
| 23 | 27.1 | 27.01571909 | 26.93853391 |
| 24 | 31 | 31.04400514 | 31.45854586 |

**2.5L/min 曝气强度下 MFC-MBR TMP 的预测值**　　　　表 6-5（c）

| 时间/d | 实验值/kPa | 中间阻塞-泥饼层过滤/kPa | 完全阻塞-泥饼层过滤/kPa |
|---|---|---|---|
| 1 | 2 | 2.937297586 | 2.944041904 |
| 2 | 3.1 | 3.393736542 | 3.404535259 |
| 3 | 3.5 | 3.869974289 | 3.882411595 |
| 4 | 4.5 | 4.366688557 | 4.378674121 |

| 时间/d | 实验值/kPa | 中间阻塞-泥饼层过滤/kPa | 完全阻塞-泥饼层过滤/kPa |
|---|---|---|---|
| 5 | 5.5 | 4.88457798 | 4.894404758 |
| 6 | 5.5 | 5.424362701 | 5.43077201 |
| 7 | 6.4 | 5.986784998 | 5.989039806 |
| 8 | 6.2 | 6.572609925 | 6.570577441 |
| 9 | 7.2 | 7.182625973 | 7.17687079 |
| 10 | 7.5 | 7.81764575 | 7.809534983 |
| 11 | 8.7 | 8.478506673 | 8.470328779 |
| 12 | 8.9 | 9.166071694 | 9.161170884 |
| 13 | 10.1 | 9.881230027 | 9.884158565 |
| 14 | 10.6 | 10.62489791 | 10.64158892 |
| 15 | 11.9 | 11.3980194 | 11.43598323 |
| 16 | 14.5 | 12.20156713 | 12.27011505 |
| 17 | 16.5 | 17.27574498 | 17.20729086 |
| 18 | 21.4 | 19.83057037 | 19.72766318 |
| 19 | 22.9 | 22.56650577 | 22.43676682 |
| 20 | 26 | 25.49413458 | 25.35662533 |
| 21 | 28.8 | 28.62460468 | 28.51282756 |
| 22 | 32.4 | 31.969657 | 31.93527963 |
| 23 | 34.5 | 35.54165549 | 35.65915546 |

利用已建立的模型和求解的参数,得到的每一时间点的 TMP 预测值如图 6-3 所示。在 0.5L/min 曝气强度下,C-MBR 和 MFC-MBR 分别运行了 15d 和 23d 直至 TMP 超过 30kPa,说明可以通过延长 MFC-MBR 系统的运行时间,减轻膜污染;在 1.5L/min 曝气强度下,C-MBR 和 MFC-MBR分别运行了 18d 和 24d;在 2.5L/min 曝气强度下,C-MBR 和 MFC-MBR 分别运行了 21d 和 23d。模型在三种不同曝气强度条件下都能很好地拟合,说明构建的模型具有良好普适性。

分析拟合参数确定两个反应器运行时间不同的原因。膜过滤阻力增加速率和可用膜面积减少速率分别用 $K_c$ 和 $K_i$ 或 $K_b/J_0$ 表征。如表 6-6 所示,MFC-MBR 的 $K_c$ 显著低于 C-MBR,表明 MFC-MBR 中的过滤阻力增加较慢。相较于 C-MBR,较低的过滤阻力增加速率表明 MFC-MBR 中膜污染发展缓慢。除过滤阻力外,可用膜面积也是膜污染的重要参数。在第一阶段, MFC-MBR的 $K_i$ 或 $K_b/J_0$ 值明显小于 C-MBR,表明 MFC-MBR 的可用膜面积减少缓慢,因而出现了运行时间延长的结果。在第一阶段,针对 $K_c$、$K_i$ 或 $K_b/J_0$ 和运行时间分析,表明 MFC-MBR 中的膜污染能有效被减缓。

第二阶段,C-MBR 和 MFC-MBR 的 $K_i$ 或 $K_b/J_0$ 如表 6-6 所示。在第二阶段,两个系统的运行时间和可用膜面积减少率相似,这与李慧[8]的研究一致。根据表6-7,C-MBR 和 MFC-MBR 在转折点处具有相近的 TMP,表明在膜污染发展过程中,二者进入第二阶段的 TMP 阈值相近。而 MFC-MBR 达到阈值的时间被延迟,表明系统结垢缓慢且运行时间长。此外,对于两个系统,第二阶段的 $K_i$ 或 $K_b/J_0$ 值均显著大于第一阶段,表明可用膜面积急剧减少,第二阶段膜污染发展更加迅速。

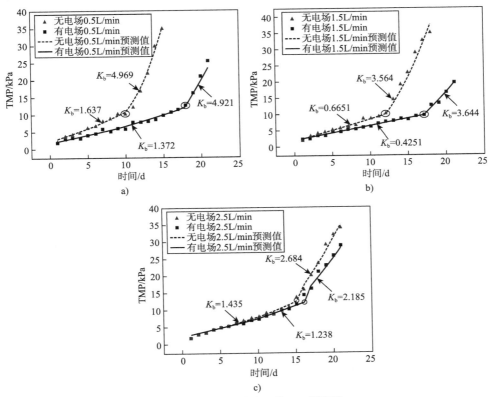

图 6-3　不同工况条件下的 TMP 预测值

a)0.5L/min 曝气强度;b)1.5L/min 曝气强度;c)2.5L/min 曝气强度

**C-MBR 和 MFC-MBR 中 $K_c$ 和 $K_i$ 或 $K_b/J_0$ 参数的比较**　　　表 6-6

| 模型 | 曝气强度/<br>(L/min) | 反应器 | $K_c$($10^5$) | $K_i$ 或 $K_b/J_0$ | |
|---|---|---|---|---|---|
| | | | | 第一阶段 | 第二阶段 |
| 完全阻塞-<br>泥饼层过滤模型 | 0.5 | C-MBR | 6.348 | 1.637 | 4.969 |
| | | MFC-MBR | 4.033 | 1.372 | 4.921 |
| | 1.5 | C-MBR | 7.215 | 0.6651 | 3.564 |
| | | MFC-MBR | 3.843 | 0.4251 | 3.644 |
| | 2.5 | C-MBR | 4.237 | 1.435 | 2.684 |
| | | MFC-MBR | 4.095 | 1.238 | 2.185 |

| 模型 | 曝气强度/<br>(L/min) | 反应器 | $K_c(10^5)$ | $K_i$ 或 $K_b/J_0$ | |
|---|---|---|---|---|---|
| | | | | 第一阶段 | 第二阶段 |
| 中间阻塞-<br>泥饼层过滤模型 | 0.5 | C-MBR | 5.95 | 2.189 | 6.516 |
| | | MFC-MBR | 3.673 | 1.935 | 6.577 |
| | 1.5 | C-MBR | 7.189 | 0.7187 | 4.214 |
| | | MFC-MBR | 3.809 | 0.4748 | 4.445 |
| | 2.5 | C-MBR | 3.946 | 1.923 | 3.473 |
| | | MFC-MBR | 3.871 | 1.607 | 2.797 |

**C-MBR 和 MFC-MBR 中转折点处的 TMP**　　　　表 6-7

| 反应器 | 曝气强度/(L/min) | 转折点处 TMP/kPa |
|---|---|---|
| C-MBR | 0.5 | 12.1 |
| | 1.5 | 10.3 |
| | 2.5 | 11.1 |
| MFC-MBR | 0.5 | 12.7 |
| | 1.5 | 9.8 |
| | 2.5 | 11.9 |

## 6.4.2　膜污染发展预测

### 6.4.2.1　过滤阻力发展模拟分析

在以往研究中,过滤阻力随时间的变化情况很难由实验得出。如果计算某一时刻的过滤阻力,需将滤膜取出,测量该情况下的通量,结合达西定律计算过滤阻力。但是由于装置需要连续运行,故每一时刻的过滤阻力无法通过实验得出。以往研究中,多考虑测量实验开始时以及结束时的过滤阻力,无法直观取得膜过滤阻力发展全程的变化曲线。借助数学模型,可以简便计算出每一时刻的过滤阻力情况。根据监测的 TMP 数值,结合式(6-31)以及求解出的参数,可以得出由泥饼层上颗粒物累积引起的过滤阻力随时间的变化图,如图 6-4 所示。

将有无电场情况的膜过滤阻力发展情况进行对比,考察电场对膜污染发展的影响。可以看到,三种曝气强度下,外加电场都使膜过滤阻力的增长变缓。其中,曝气强度设置为 0.5L/min 和 1.5L/min 时,MFC-MBR 耦合系统的过滤阻力增长速率明显慢于 C-MBR 系统;而 2.5L/min 曝气强度下,过滤阻力增长速率差异不大。说明在 0.5L/min 和 1.5L/min 曝气强度下,电场对过滤阻力增长有明显的减缓作用,而2.5L/min曝气强度下,电场作用不明显。结合前期实验结果,可以明确在2.5L/min曝气强度下,第一阶段和第二阶段均是曝气强度对过滤阻力起主导作用,电场力的存在几乎没有明显效果。三组实验中,1.5L/min曝气强度下,两条过滤阻力增长曲线斜率相差最大,即该条件下的减缓效果最好。因此,在本实验条件下,将曝气强度设置成1.5L/min而非2.5L/min,可以减少能源消耗。

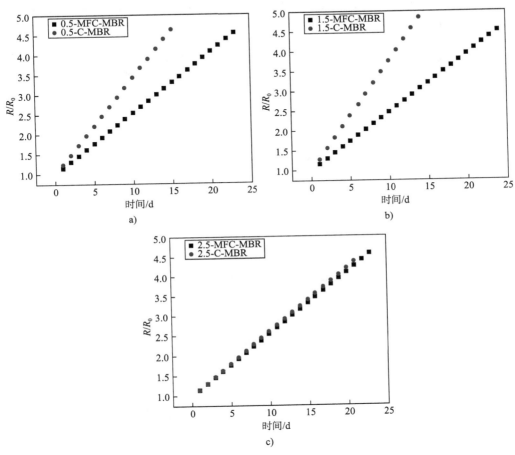

图6-4 不同曝气强度下过滤阻力随时间的变化

a)0.5L/min 曝气强度;b)1.5L/min 曝气强度;c)2.5L/min 曝气强度

在系统运行的最终时刻,三组实验装置的过滤阻力与初始过滤阻力的比值均在4.40~4.86之间,说明电场力的存在,只减缓了过滤阻力的增长速率,而最终的积累量没有显著差异,这与李慧[8]的实验结论一致。

### 6.4.2.2 可用膜面积的变化

随着反应器的运行,膜污染的程度加深,可用膜面积逐渐减少。可用膜面积可以用于表征膜的透过性。当膜孔被堵塞到一定程度,依据$J = Q/A$,通量($J$)不断上升。当通量($J$)大于临界通量时,膜污染迅速发展,直接表现为 TMP 跃迁式上升。因而,两阶段之间的转折点能指示膜污染迅速发展阶段的到来,实际生产中可以依据这一点对膜进行清洗。所以,对转折点的预测是膜污染研究的重要组成部分。在本实验中,可以通过研究可用膜面积的变化规律,从而实现对转折点出现时间的预测。

不同曝气强度下可用膜面积随时间的变化如图 6-5 所示,$A/A_0$ 在两阶段的下降速率如表 6-8 所示。除在 2.5L/min 曝气强度下以外,其余两组实验中外加电场使可用膜面积的减少速率变慢,说明在 0.5L/min 和 1.5L/min 曝气强度下,电场能通过影响污染物在膜孔的累积速率来延缓膜污染的发展。

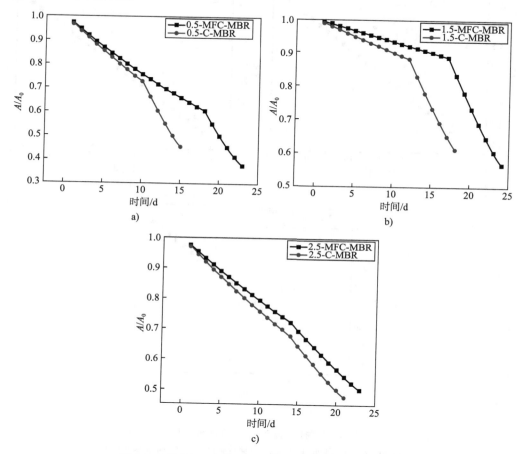

图 6-5　不同曝气强度下可用膜面积减少速率随时间的变化

a)0.5L/min 曝气强度;b)1.5L/min 曝气强度;c)2.5L/min 曝气强度

**不同曝气强度下可用膜面积在第一阶段和第二阶段的减少速率**　　表 6-8

| 反应器 | 曝气强度/(L/min) | 第一阶段 | 第二阶段 |
| --- | --- | --- | --- |
| C-MBR | 0.5 | 0.027 | 0.045 |
| | 1.5 | 0.0098 | 0.039 |
| | 2.5 | 0.023 | 0.025 |

续上表

| 反应器 | 曝气强度/(L/min) | 第一阶段 | 第二阶段 |
|---|---|---|---|
| | 0.5 | 0.022 | 0.046 |
| MFC-MBR | 1.5 | 0.006 | 0.041 |
| | 2.5 | 0.019 | 0.022 |

在 2.5L/min 曝气强度下,实验组可用膜面积减少速率略慢于对照组,二者减少速率比较接近,因此,电场力在此曝气强度作用十分微弱。

根据表6-9,在本实验条件下,转折点处 $A/A_0$ 的值在 0.60 ~ 0.88 范围内,结合式(6-29)和前期通过 TMP 数据解得的参数,即可大致判断转折点出现的时间范围,为膜清洗的时间点提供了参考范围。

**不同曝气强度下转折点处的 $A/A_0$ 值**　　　　　　　　　表 6-9

| 反应器 | 曝气强度/(L/min) | 转折点处 $A/A_0$ |
|---|---|---|
| | 0.5 | 0.73 |
| C-MBR | 1.5 | 0.88 |
| | 2.5 | 0.68 |
| | 0.5 | 0.60 |
| MFC-MBR | 1.5 | 0.89 |
| | 2.5 | 0.72 |

# 6.5　基于过滤模型的电场减缓膜污染机理

在前述研究的基础上,结合理论模型与实验结果,提出电场减缓膜污染发展的机理。

首先,膜污染的发展过程中,存在着正反馈效应,将整个过程总结为图 6-6。这种正反馈机制在第二阶段(即转折点之后)比较明显,此时过滤时的通量大于临界通量。Ognier 等的研究指出,在 MBR 中,通量是最具影响力的参数,当通量超过一个临界值时,反应的运行时间非常短。更高的通量需要更大的抽吸力维持原有的流量,这使得颗粒物更快地堵塞膜孔,导致可用膜面积进一步减少[9],于是形成了正反馈效应。

根据这种正反馈机制,可以进一步探究电场力的作用。在第一阶段,这种正反馈效应并不明显,电场力的作用能够使一部分的污染物远离膜表面,进而减缓膜污染的发展,具体表现为减缓了 TMP 的增长速率。同时提高了膜的疏水性,使膜具有更好的脱水性。此时,可用膜面积减少速率较低,使得滤膜能够长时间维持较高通量,膜污染发展进程更为缓慢,从而导致膜寿命比 C-MBR 更长[10]。

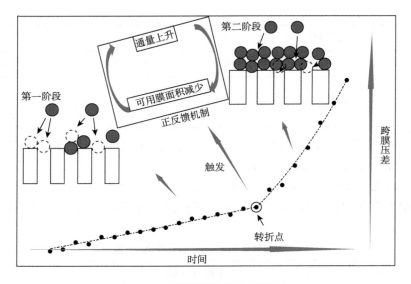

图 6-6　电场减缓膜污染机理示意图

在第二阶段,膜污染迅速发展,这是因为可用膜面积的快速减少。由于强烈的正反馈效应,膜孔上累积的颗粒物之间的间隙被压缩,膜孔被迅速堵死。电场力作用不足以削弱这种正反馈效应,因此,这一阶段的电场力对膜污染的减缓几乎没有作用。

针对电场力在第二阶段失效的情况,结合前期实验结果,可以考虑将曝气同时作为减缓膜污染的手段。通过实验发现,曝气同样对膜污染有明显减缓作用。合理的曝气强度能够通过对膜表面的扰动,减少膜表面污染物的聚集。但电场与曝气同时作为减缓膜污染的手段时,二者的共同作用机理比较复杂。过低的曝气强度可能无法达到最佳的处理效果;过高的曝气强度可能会使电场力几乎不起作用,而且过高的曝气强度也会造成能源的浪费。因此,二者联用的最佳使用方案应当由实验确定。

## ● 本章参考文献

[1] ASLAM M,CHARFI A,LESAGE G,et al. Membrane bioreactors for wastewater treatment:A review of mechanical cleaning by scouring agents to control membrane fouling[J]. Chemical engineering journal,2017,307:897-913.

[2] LIU H,YANG C,PU W,et al. Formation mechanism and structure of dynamic membrane in the dynamic membrane bioreactor[J]. Chemical engineering journal,2009,148(2-3):290-295.

[3] HO C C,ZYDNEY A L. A combined pore blockage and cake filtration model for protein fouling during microfiltration[J]. Journal of colloid and interface science,2000,232(2):389-399.

[4] BOLTON G,LACASSE D,KURIYEL R. Combined models of membrane fouling:Development and application to microfiltration and ultrafiltration of biological fluids[J]. Journal of membrane science,2006,277(1):75-84.

［5］HOU L,WANG Z,SONG P. A precise combined complete blocking and cake filtration model for describing the flux variation in membrane filtration process with BSA solution［J］. Journal of membrane science,2017,542:186-194.

［6］ZAW H M,LI T,NAGAOKA H. Simulation of membrane fouling considering mixed liquor viscosity and variation of shear stress on membrane surface［J］. Water science and technology, 2011,63(2):270-275.

［7］KHAN S J,VISVANATHAN C,JEGATHEESAN V. Prediction of membrane fouling in MBR systems using empirically estimated specific cake resistance［J］. Bioresource technology,2009, 100(23):6133-6136.

［8］李慧. MFC-MBR 耦合系统污水处理效能及膜污染控制研究［D］. 哈尔滨:哈尔滨工业大学,2016.

［9］HU G,LIU X,WANG Z,et al. Comparison of fouling behaviors between activated sludge suspension in MBR and EPS model solutions:A new combined model［J］. Journal of membrane science,2021,621:119020.

［10］LI H,XING Y,CAO T,et al. Evaluation of the fouling potential of sludge in a membrane bioreactor integrated with microbial fuel cell［J］. Chemosphere,2021,262:128405.